Propagation from Meteorological to
Hydrological Drought
and its Driving Mechanisms:
A Case Study of the Huaihe River Basin

干旱传递特性及影响机制研究
——以淮河流域为例

王靖淑　王　文◎著

河海大学出版社
·南京·

图书在版编目(CIP)数据

干旱传递特性及影响机制研究：以淮河流域为例 / 王靖淑，王文著. -- 南京：河海大学出版社，2025.5.
ISBN 978-7-5630-9752-4

Ⅰ. P426.615

中国国家版本馆CIP数据核字第202558VY04号

书　　名 / 干旱传递特性及影响机制研究——以淮河流域为例
书　　号 / ISBN 978-7-5630-9752-4
责任编辑 / 杜文渊
文字编辑 / 殷　梓
特约校对 / 李　浪　杜彩平
装帧设计 / 徐娟娟
出版发行 / 河海大学出版社
地　　址 / 南京市西康路1号(邮编：210098)
电　　话 / (025)83737852(总编室)　(025)83722833(营销部)
经　　销 / 江苏省新华发行集团有限公司
排　　版 / 南京月叶图文制作有限公司
印　　刷 / 广东虎彩云印刷有限公司
开　　本 / 710毫米×1000毫米　1/16
印　　张 / 11.25
字　　数 / 200千字
版　　次 / 2025年5月第1版
印　　次 / 2025年5月第1次印刷
定　　价 / 68.00元

前 言

干旱作为一种频繁发生且影响广泛的自然灾害,已成为农业、生态环境等领域的热点问题。20世纪以来,高强度的人类活动直接或间接影响了区域大尺度的水文过程,加之气候变化不断加强,致使很多区域的水文循环产生了显著变化,并引发干旱特性变化。逐渐加剧的干旱态势使得流域水资源短缺问题更为突出,已成为制约社会经济可持续发展的重要因素之一,因此有关行业亟须深入认识干旱的演变规律,研究其发生和发展机理,为指导流域科学抗旱、制定预警及应对措施提供有力支撑。

干旱通常被划分为气象干旱、农业干旱、水文干旱和社会经济干旱等不同类型,后三者从本质上讲起因于气象干旱。水文干旱作为最直接、最彻底的干旱,对水资源的影响最直接,对社会经济影响也最为严重。干旱传递是气象干旱通过流域下垫面在水文循环中传递,引起农业干旱(土壤含水量减少)发生进而诱发水文干旱(径流短缺、地下水衰减等)的过程,涉及流域水文循环的各个环节。深入研究气象干旱向水文干旱传递过程有助于更好地预测水文干旱、降低干旱发生风险、减轻干旱灾害强度。当前气象—水文干旱传递过程的研究热点在于二者间关联性及响应时间的定量表征,但是对于何种条件下气象干旱引发水文干旱、气象干旱与水文干旱特征存在怎样的放大/衰减关系以及气象—水文干旱传递过程的主导驱动因子等并没有形成系统的认知。受流域气候、下垫面以及人类活动等多方面因素的影响,水文干旱对气象干旱的响应机制复杂,尤其是水利工程调蓄改变了水资源的时空分配格局,对不同区域的干旱传递过程会产生不同的影响;很多区域受城镇化进程加快的影响,土地利用覆盖方式的改变显著影响了流域产汇流过程,这些变化对不同区域、不同时间尺度的干旱传递过程产生何种影响还有待进一步深入研究。

淮河流域地处我国南北气候、高低纬度和海陆相三种过渡带的重叠区域,加上"三面环山、西高、东低、中洼"的特殊地形,是我国七大流域中旱涝灾害发生最频繁的流域。淮河流域也是我国重要的商品粮基地,粮食产量约占全国的六分之一。新中国成立以来淮河先后出现了 1959 年、1978 年、1986 年、2001 年等十多个大旱年份和 1959—1962 年、1986—1988 年、1999—2001 年等多个连旱年份,淮河流域旱灾呈逐年加剧之势,且旱灾重于水灾。逐渐加剧的干旱态势直接导致水库干涸、河道断流、地下水位下降等水资源短缺问题,严重威胁着流域工农业发展、粮食安全和生态安全,已成为制约社会经济可持续发展的重要因素之一。在气候变化大背景下,基于淮河流域揭示气象—水文干旱之间的关联性及其影响机制有利于深入认识干旱发生和发展机理,对于指导流域科学抗旱、制定预警及应对措施具有重要的理论和现实意义。

为此,在国家自然科学基金面上项目"人类活动影响下的水文干旱形成与发展机理"(41971042)以及国际(地区)合作与交流项目"人类活动与气候变化对干旱时空动态及干旱脆弱性的影响"(41961134003)的支持下,本研究以淮河蚌埠以上流域为研究区,着眼于气象干旱向水文干旱的传递过程,对气象干旱与水文干旱关联性建立、气象—水文干旱传递特性的系统量化,以及气候、下垫面和人类活动对干旱传递过程的影响机制揭示等方面进行系统性分析和研究,旨在深化对干旱发生和发展机理及其影响机制的认识,为科学应对干旱与水资源管理提供科技支撑。

全书共分为六个章节,第一章主要介绍干旱的定义与特征度量、干旱传递特性及其定量分析、干旱传递过程的影响机制等方面的研究进展;第二章主要针对标准化降水指数(SPI)应用中存在的理论概率分布、时间尺度、序列长度等方面的争议与问题,基于实测降水资料探讨 SPI 在中国四个气候区应用的适宜设置和不确定性;第三章以干旱发生频繁、地处我国南北气候过渡带的淮河流域为典型研究区,构建气象—水文干旱传递特性量化分析框架,从干旱发展/恢复速度、时滞效应及水分亏缺量变化等方面系统量化水文干旱对气象干旱的非线性响应特征,揭示不同时间尺度下气象—水文干旱的传递特性,并在典型流域探讨气象—地下水干旱的传递过程;第四章通过构建 SWAT 水文模型,将气象—水文干旱传递特性量化分析框架推广应用至全流域和多时间尺度,从全流域角度揭示气象—水文干旱传递特性的多尺度效应和空间分布规律;第五章通过降雨—径流关系分析、情景模拟等方式,系统揭示气候、流域下垫面特征,以及以水库调蓄、土地利用变化为代表的人类活动对干旱传递的影响机制;第六章为全书小结及展望。

前　言

　　干旱传递涉及流域水文循环各个环节，受不同时空尺度因素的影响，其复杂的发生和恢复机制，使其成为最复杂的极端事件之一。由于研究时间有限，有不少问题还有待进一步研究，如干旱传递的时空三维特性表征、气象干旱向农业和水文干旱传递过程的系统揭示、水库调蓄及用水等不同类型人类活动对水文干旱及干旱传递过程的影响等问题。

目 录

第一章 干旱的识别与干旱传递的基本特性 ······ 001
1.1 干旱的定义与特征度量 ······ 002
1.1.1 干旱的定义与分类 ······ 002
1.1.2 干旱指数及其适用性 ······ 003
1.1.3 干旱识别及度量 ······ 006
1.2 干旱传递特性及其定量分析 ······ 009
1.2.1 流域干旱过程模拟 ······ 009
1.2.2 干旱传递的定义及特性量化 ······ 010
1.2.3 气象干旱与水文干旱的成因联系 ······ 012
1.3 干旱传递过程的影响机制 ······ 014
1.3.1 流域自然特性对干旱传递的影响 ······ 014
1.3.2 气候变化对干旱传递的影响 ······ 016
1.3.3 人类活动对干旱传递的影响 ······ 016
1.4 小结 ······ 019

第二章 不同气候区气象干旱指数计算的不确定性分析 ······ 021
2.1 数据及方法概述 ······ 022
2.1.1 数据概况 ······ 022
2.1.2 标准化降水指数(SPI) ······ 026
2.1.3 拟合优度检验 ······ 028
2.1.4 抽样模拟方法 ······ 029
2.2 SPI 在中国不同气候区的适用性 ······ 031
2.2.1 累积降水量序列理论概率分布优选 ······ 031
2.2.2 SPI 应用的合理时间尺度 ······ 036
2.2.3 SPI 计算的最优序列长度 ······ 044

2.3 SPI 计算的不确定性对气象干旱评估的影响 ·············· 048
　　2.3.1 SPI 计算的不确定性对气象干旱等级评估的影响 ········ 048
　　2.3.2 基准期 SPI 计算的不确定性对气象干旱评估的影响 ····· 051
2.4 降水量序列非一致性对气象干旱评估的影响 ················ 054
2.5 小结 ··· 056

第三章　基于观测的气象—水文干旱传递特性分析 ············· 059
3.1 研究区及数据概述 ·· 061
　　3.1.1 研究区概况 ··· 061
　　3.1.2 水文气象及基础地理数据 ····························· 064
3.2 气象—水文干旱传递特性量化框架 ·························· 065
　　3.2.1 干旱特征提取 ··· 065
　　3.2.2 气象—水文干旱传递关系判别及定量分析 ·············· 073
3.3 气象—地下水干旱的传递 ···································· 091
　　3.3.1 地下水干旱特征 ··· 091
　　3.3.2 气象—地下水干旱传递类型 ·························· 096
3.4 小结 ··· 098

第四章　基于模拟的气象—水文干旱传递特性分析 ············· 101
4.1 SWAT 模型构建与验证 ······································· 102
　　4.1.1 模型构建 ·· 102
　　4.1.2 模型率定与验证 ·· 104
　　4.1.3 模型模拟结果分析 ····································· 105
　　4.1.4 流域空间分区 ··· 109
4.2 基于模型模拟的多时间尺度干旱特征 ······················· 111
　　4.2.1 气象干旱特征 ··· 111
　　4.2.2 水文干旱特征 ··· 114
4.3 气象—水文干旱传递特性时空分布 ························· 117
　　4.3.1 干旱传递概率 ··· 117

4.3.2　干旱传递阈值 ……………………………………………… 121
　　4.3.3　干旱传递特征比 …………………………………………… 122
　　4.3.4　干旱传递时间 ……………………………………………… 122
　　4.3.5　观测与模拟揭示传递特性的对比 ………………………… 124
4.4　小结 ……………………………………………………………… 125

第五章　干旱传递过程的影响机制分析 ………………………………… 127
5.1　干旱传递特性的影响因子分析 ………………………………… 128
　　5.1.1　影响因子定量分析方法 …………………………………… 129
　　5.1.2　影响因子分析结果 ………………………………………… 131
5.2　干旱传递中的降雨—径流关系分析 …………………………… 135
　　5.2.1　干旱期降雨—径流关系变化识别 ………………………… 135
　　5.2.2　降雨—径流关系变化识别结果 …………………………… 136
　　5.2.3　干旱期降雨—径流关系变化幅度 ………………………… 139
5.3　气候、流域下垫面要素对干旱传递过程的影响机制 ………… 142
5.4　人类活动对干旱传递的影响机制 ……………………………… 148
　　5.4.1　水库调蓄对干旱传递的影响 ……………………………… 148
　　5.4.2　土地利用变化对干旱传递的影响 ………………………… 152
5.5　小结 ……………………………………………………………… 155

第六章　结语 ……………………………………………………………… 157
6.1　主要研究结论 …………………………………………………… 158
6.2　展望 ……………………………………………………………… 160

参考文献 ………………………………………………………………… 162

第一章

干旱的识别与干旱传递的基本特性

1.1　干旱的定义与特征度量

1.1.1　干旱的定义与分类

由于研究目的和对象的不同,国内外关于干旱的定义多达上百种,目前为止仍未有被普遍接受的干旱定义。一般对干旱的定义从概念和应用两个层面进行,概念式的定义定性阐明了干旱的内涵,如一种水文条件显著偏离区域正常状态的现象、持续的大范围降水亏缺现象、土壤水分亏缺导致农作物减产的现象等;而应用式的定义则关注定量描述干旱事件的开始、结束、严重程度等基本特征,如游程理论等。干旱的成因极为复杂,其发生发展涉及自然和社会的诸多方面,且不同地区水文气象条件和社会经济发展水平存在差异,使得干旱定义的统一极为困难,因此在研究干旱时应针对研究对象界定其定义。

干旱多采用水文循环中的水文气象变量描述,美国气象学会从水文循环和社会经济影响的角度将干旱划分为四种类型,即气象干旱、农业干旱、水文干旱和社会经济干旱(图 1-1),这也是目前国际上普遍应用的分类方式(Wilhite and Glantz,1985)。以降水亏缺以及蒸散发增强为代表的气候异常引发气象干旱;持续的气候异常导致地表径流、地下水水位、水库蓄量、湖泊水位等低于正常水平时会引发水文干旱;降水亏缺或灌溉水量不足导致农作物水分失衡并影响其正常生长发育时,则会引发农业干旱;社会经济干旱则侧重于由于水资源供需不平衡导致水资源供给不足而产生的社会经济影响。除此之外,也有学者对干旱的类型进一步细分,如 Mishra 和 Singh(2010)引入了地下水干旱的概念,认为地下水干旱是补给量减少导致地下水水位以及排泄量低于正常水平的现象,这一概念对水文干旱的定义做了补充。而随着人们对树木死亡、植被退化等干旱对生态系统的影响有了更多认知,生态干旱的概念也逐渐引起更多关注。在气候变化的背景下,全球和区域尺度的干旱特征也呈现新的变化特征,例如,发生在作物生长季节的降水亏缺往往伴随着高温热浪和强烈的太阳辐射,这些气候条件促使蒸散发急速增加、土壤湿度急剧下降,导致以短历时、高强度为特征的骤发干旱,也称为骤旱(Flash Drought);极端干旱与高温热浪共同形成的极端气象事件，也称为复合干热事件（Compound Dry and Hot Events），对自然环境和社会经济均造成了极大的破坏性影响，近年来已成为气候变化领域的热点主题。

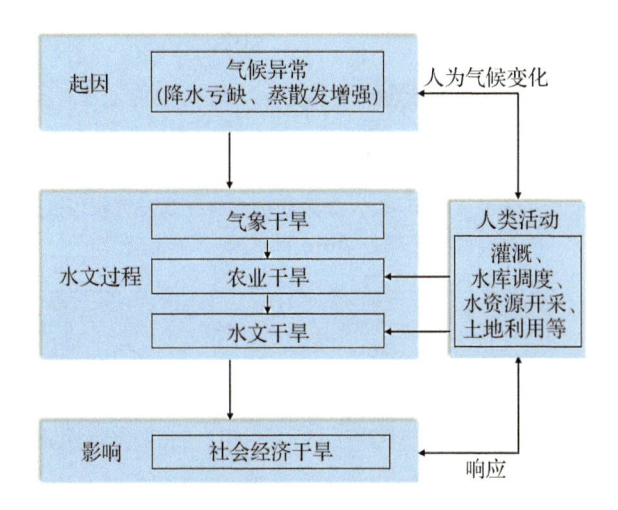

▲ 图 1-1　气象干旱、水文干旱、农业干旱和社会经济干旱的关系

过往研究认为干旱是与水资源短缺有本质区别和明晰界限的自然现象，但是在现如今以高强度人类活动为标志的"人类世"（The Anthropocene），人类活动通过水利工程调蓄、用水耗水、城镇化等多种方式动态而深刻地影响干旱形成与发展过程，干旱已不再是单纯的自然灾害，而是一种复合性灾害。Van Loon 等（2016）提出应将人类活动引起或改变的水资源短缺现象纳入考虑范围，从成因上将水文干旱分为三类，即气候引发的干旱、人类活动引发的干旱及气候与人类活动共同引发的干旱（图 1-2）。随着人们对流域水循环的认识从"自然"主导逐渐向"自然-人工"二元水循环模式转变，从实际应用和理论研究的角度都应重新审视和拓展干旱的定义，关注干旱的自然与社会多元属性，将人类活动直接或间接引起或改变的水资源短缺现象明确囊括在干旱定义内。

1.1.2　干旱指数及其适用性

干旱指数能够将水文气象变量的波动变化转换成可对比的旱涝动态，定量描述区域干湿状况，在干旱监测和评估中得到了广泛应用。干旱指数的研究经

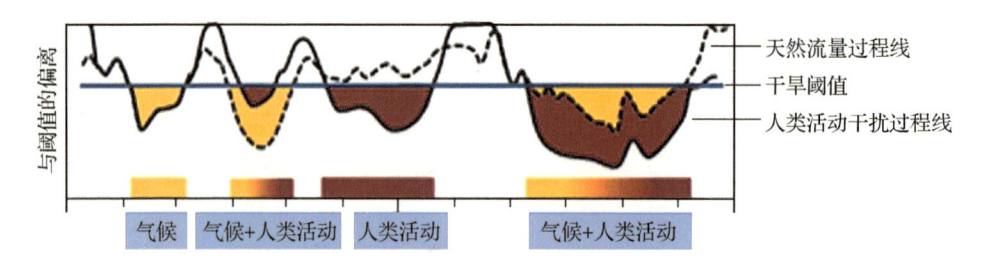

▲ 图1-2 气候引发的干旱、人类活动引发的干旱及气候以及人类活动共同引发的干旱(Van Loon et al., 2016)

历了漫长的发展过程,目前开发的干旱指数多达上百种,其中常用的气象干旱指数有帕默尔干旱强度指数(Palmer Drought Severity Index,PDSI)以及自适应帕默尔干旱强度指数(self-calibrating PDSI, sc-PDSI)、标准化降水指数(Standardized Precipitation Index,SPI)、标准化降水蒸散指数(Standardized Precipitation Evapotranspiration Index,SPEI)、干旱侦测指数(Reconnaissance Drought Index,RDI)等;常用的农业干旱指数有标准化土壤湿度指数(Standardized Soil Moisture Index,SSMI)、土壤湿度指数(Soil Moisture Index,SMI)、土壤水分亏缺指数(Soil Water Deficit Index,SWDI)、土壤含水量距平指数(Soil Moisture Anomaly Percentage Index,SMAPI)等;常用的水文干旱指数有标准化径流指数(Standardized Runoff Index,SRI)、标准化地下水指数(Standardized Groundwater Index,SGI)、帕默尔水文干旱指数(Palmer Hydrological Drought Index,PHDI)等。

根据不同的研究目的和对象,研究者采用不同的干旱指数进行干旱评估和分析。干旱没有普适性的定义,因而也没有能够适用于所有区域、气候条件以及管理机构的干旱指数,这给干旱评估带来了极大的不确定性。对于同一干旱事件或区域干旱趋势分析,不同干旱指数的输入变量、计算方法不同,其评估结果可能有所不同。Dai(2013)基于PDSI探讨了全球的干旱强度变化趋势,结果显示自20世纪50年代以来,全球大部分地区的干旱强度均呈现增加的趋势;而Wang等(2015)基于SPI和SPEI指示的干旱趋势发现在中国范围内干旱强度并未呈现显著增加趋势。联合国政府间气候变化专门委员会第五次评估报告(IPCC,2014)也指出干旱趋势的推断高度依赖于干旱指数的选择且干旱趋势在不同地区可能显示出不一致的结论,因而观测到的全球范围的干旱趋势具有低信度。即使基于相同的干旱指数,其采用的数据集、计算方法等不同,干旱评估结果也会出现差异,如王文等(2018)对比了基于中分辨率成像光谱仪(MODIS)数据制作的 MOD16 及基于全球陆面数据同化系统的(GLDAS)蒸散发产品计算所得蒸散发胁迫指数(Evaporative Stress Index,ESI)在指示云贵地区 2009—2010 年干旱事件的差异,发现通过 MOD16 计算出的 ESI 反映干旱情况波动相对更大。以气象干旱指数为例,不同的干旱指数由于计算方法不同,在不同的气候区具有不同适用性,如杨庆等(2017)对比了 7 种气象干旱指数在中国的区域适用性,结果显示 sc-PDSI 在中国最适用。但以往研究对干旱指数适用性的评估多基于不同干旱指数的对比,而并未考虑干旱指数在该地区是否适用以及是否能有效指示干旱状况。

以 SPI 为代表的标准化干旱指数(Standardized Drought Index,SDI)具有计算方法简单、需求变量少和多时间尺度的优势,在干旱评估尤其是不同类型干旱关联性的相关研究中得到了广泛应用。标准化干旱指数是将累积水文气象变量序列通过概率分布拟合、标准正态转换得到的干旱指数,具有时空可对比性和多时间尺度的优势。以 SPI 为例,在具体应用中,在拟合降水量序列的概率分布、适用的时间尺度、样本长度以及降水量序列的非一致性等方面存在诸多争议和问题,这些问题不仅影响 SPI 评估气象干旱的合理性,也导致 SPI 计算结果出现不确定性。SPI 在最初由 Mckee 等(1993)提出时,假定降水服从 Gamma 分布,Gamma 分布已被很多研究推荐作为世界上大多数地区计算 SPI 的最优分布函数,例如,Stagge 等(2015)建议在计算欧洲范围内所有时间尺度的 SPI 时采用 Gamma 分布;Okpara 等(2017)的研究表明,Gamma 分布在西非的月降水拟合中表现最好;Blain 等(2012)推荐使用 Gamma 分布来计算巴西热带、亚热带地区 1~12 个月时间尺度的 SPI;Zhao 等(2020)的研究也表明在中国不同时间尺度的候选单参数和双参数分布中,Gamma 分布表现出最大的稳定性。但是也有研究者针对不同的气候区、不同的时间尺度和数据集提出在计算 SPI 时其他分布对累积降水量序列的拟合效果可能优于 Gamma 分布,例如,Guttman 等(1999)认为皮尔逊Ⅲ型分布应作为美国不同时间尺度 SPI 计算的最优概率分布函数;Angelidis 等(2012)发现采用简单的对数正态分布和正态分布计算 12 个月以及 24 个月尺度的 SPI 与 Gamma 分布结果相近;Svensson 等(2017)发现三参数的

Tweedie 分布对降水量序列的拟合效果与传统的三参数分布(皮尔逊Ⅲ型分布、广义极值分布)一样好。就时间尺度而言，SPI 具有灵活的时间尺度，在文献中不同研究采用的时间尺度从 1~24 个月不等，并且不同尺度的 SPI 可以体现不同类型的干旱，不仅能反映短期水分异常，还能够反映长期水资源状况的异常。例如，1~2 个月尺度的 SPI 可监测降水异常偏少的气象干旱，1~6 个月尺度的 SPI 可反映农业干旱状况，6~24 个月甚至更长尺度可用于反映水文干旱的状况。也有研究在应用 SPI 时选择周尺度。但是在降水偏少的地区，应用短时间尺度 SPI 时需要慎重(World Meteorological Organization，2012)。Wu 等(2005)认为，在美国东部的湿润区，短时间尺度(如 1 周尺度)可被应用于干旱评估，而在西部干旱区应用 SPI 评估干旱时，受累积降水量序列中大量零值的影响，短时间尺度 SPI 的可信度降低，但对于具体采用多长的时间尺度没有做定量分析。SPI 也是中国干旱等级评价的主要依据之一，但是对于在不同气候区采用 SPI 评估干旱时所采用的理论概率分布及时间尺度对 SPI 不确定性影响大小的问题上缺乏相关研究。

除 SPI 以外，SPEI 在气象干旱评估中也得到了广泛应用。虽然 SPI 仅以降水为输入，计算简便，但当需要考虑气温对干旱状况的影响时，SPI 则不适用；SPEI 虽然能同时考虑水分的收入项(降水)和支出项(蒸散发)对干旱发生发展的作用，但受其蒸散发观测数据可靠性、序列长度、计算方法及观测站点空间分布稀疏等的限制，难以大范围应用。总而言之，干旱指数的适用性在于其能否有效指示干旱，当前干旱指数的适用性仍然是干旱研究领域的最基本、最关键问题之一。

1.1.3 干旱识别及度量

干旱识别是对干旱定量描述的基础，干旱的概念式定义阐明了干旱是相对于正常水分状况偏少的现象，但概念式定义本身并未给出"正常的水分状况"具体是什么条件，因而在实际应用中，需要通过干旱识别这一步骤定量区分干旱与非干旱的状况。目前常用的干旱识别方法是阈值法，其实质是 Yevjevich 于 1967 年提出的游程理论(图 1-3)。Yevjevich 最早将游程理论应用于水文干旱识别，将干旱视为径流序列持续性低于截断水平(即水分正常需求)的负游程并定义了干旱起止时间、历时、烈度等特征。阈值法的核心思想是对气象、水文变量序列或干旱指数序列设定一个临界值(即阈值)，当变量低于该阈值时认为处于干旱状态，高于该阈值时干旱状态终止。识别的对象通常有两种，一种是直接对水文气象变量时间序列识别干旱事件,对降水、径流等单一变量通过设定阈值识别出气象干旱或其他类型干旱事件;另一种是以干旱指数的某一标准作为阈值对干旱指数时间序列区分干旱和非干旱状况,可考虑单个或多个水文气象变量的影响。阈值选取是干旱识别的核心,阈值大小直接决定了干旱的发生次数、历时以及严重程度等特征。阈值选取应视具体情况而定,选取的阈值应考虑多年平均水分情况和水资源需求。对于水文气象变量时间序列而言,常用的阈值是流量历时曲线的某一分位数,如Fleig等(2006)指出,对于永久性河流,阈值一般选择流量历时曲线70%~95%分位数;也有研究以最小流量管理目标、零流量日数或需水量等作为阈值,如冯平等(1997)以潘家口水库在75%供水保证率时各月需水量过程作为阈值识别径流调节下的水文干旱。对于干旱指数时间序列而言,阈值通常选择相应的干旱指数等级划分标准,如SPI通常采用-1作为区分干旱与非干旱的阈值(全国气候与气候变化标准化技术委员会,2017)。阈值既可以是固定不变的,也可以随时间变动,按阈值是否固定又可以分为定阈值法和变阈值法。

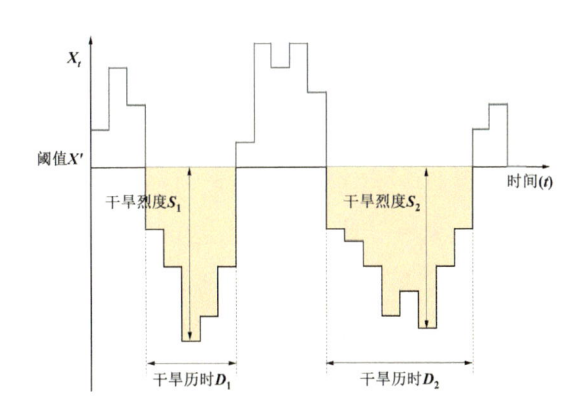

▲ 图1-3 基于游程理论的干旱识别示意图

阈值法对月尺度和日尺度水文气象变量或干旱指数时间序列均适用,基于月尺度序列识别干旱特征与日尺度序列略有不同,基于月尺度序列识别出的干旱历时通常大于日尺度序列,干旱次数则相反。但在日尺度序列识别干旱的过程中常出现一个长历时干旱被历时较短的非干旱期中断以及识别出的干旱事件历时短或严重程度弱的情况,需要进一步对干旱识别结果进行处理。一场严重干旱可能被人类活动或短期降水短暂中断为两场或多场干旱事件,若干旱事件间隔时间极短且间隔期内与阈值相差极小,此时旱情可能依然存在,被中断的干旱事件实际上相互关联,应对相互关联的干旱事件进行合并,常用的干旱合并方法包括滑动平均法等;历时短、严重程度弱的干旱事件对水文过程影响小但对特征统计及极值分析影响较大,因而需对这类干旱事件进行剔除,通常将历时或严重程度与其均值的比值和预先定义的参数标准对比后进行剔除。干旱合并以及定义的参数标准应避免过于主观,根据研究目的、对象以及实际情况客观确定,以保证干旱识别的合理性及可靠性。

基于阈值法识别干旱事件可进一步提取干旱特征,刻画干旱发生发展的过程。以往的研究对干旱事件的刻画多通过反映干旱影响时间维度的历时和反映干旱严重程度的烈度、强度、峰值等特征。随着三维空间思维的拓展,很多研究关注到干旱事件的空间影响,通过干旱覆盖面积这一特征反映干旱的空间影响范围。这些特征多反映的是与干旱影响直接关联的整体特征,事实上干旱包括了发生、发展、持续、缓和、恢复五个阶段。干旱在不同阶段的特征是不同的,例如,干旱通常具有缓慢发展的"蠕变"特性,而恢复过程的特征往往变化更大,可能在一场短历时的强降水作用下迅速终结,也可能持续数月。与干旱发生、发展过程相比,干旱恢复过程的可预测性更低。已有研究关注到干旱恢复的过程并取得一定成果,Correia(1987)最早提出干旱恢复期(Recovery Time)的概念并将其定义为补充一定比例的水分亏缺所需的时间;Parry 等(2016)提出干旱终止(Drought Termination)的概念,认为干旱终结是干旱内在过程的阶段而不是瞬时时间点,并基于干旱恢复变化率探讨了英国流域的水文干旱恢复期特征及其与流域气候、下垫面的关联性;Thomas 等(2014)在研究得克萨斯州水文干旱时定义了干旱恢复期,即缺水量从峰值恢复至正常水分状况的阶段,基于陆地水储量刻画的水文干旱恢复期为 3~13 个月;Wu 等(2018)基于游程理论将水文干旱事件划分为发展阶段和恢复阶段,并提出了水文干旱发展/恢复速度计算框架。持续的干旱可能会对粮食安全和社会经济造成不利的影响,提高对干旱何时以及如何终止的认识,对于科学合理调配抗旱水源、提高抗旱减灾能力具有重要意义。然而,与干旱指数构建、干旱演变规律等研究相比,目前对于干旱发展、恢复等内在过程的量化及认识仍存在不足,尤其是对于一场干旱多快发展至峰值、多久恢复到水分相对正常状况等内在过程缺乏足够的认识,且以往研究对干旱内在过程的研究着重关注恢复这一过程,而忽略了干旱发展过程的特征。

1.2 干旱传递特性及其定量分析

1.2.1 流域干旱过程模拟

在水文模型应用于干旱研究之前，干旱评估多基于站点观测数据。中国气象站点的分布相对密集，满足干旱指数计算最低要求（数据序列长度大于30年）的站点不难获取，但对于蒸散发、土壤含水量、地下水水位等水文气象变量，观测站点相对稀疏，难以反映区域/流域干旱的空间分布格局，且数据序列长度不足常会导致干旱评估出现较大的不确定性，此外还存在观测数据质量不高、观测数据易受人类活动影响等问题。这些问题导致在干旱评估中难以获得连续、平稳的水文气象变量序列，难以开展区域/流域干旱评估，因而需要借助水文模型这一工具，通过模拟流域降雨—径流过程全面考虑气象干旱向水文干旱传递过程中相关水文状态变量的变化，获取较长且时空连续的水文气象变量序列，有效支撑区域/流域尺度的干旱评估。

水文模型可分为两类，即基于概念和经验的集总式水文模型以及具有复杂物理机制的分布式水文模型。相较于前者，分布式水文模型显著提高了对流域水文过程模拟的精度和准确性，在干旱评估中得到了广泛应用。已有不少研究将分布式水文模型（如VIC水文模型、SWAT模型等）应用于区域干旱监测评估以及干旱传递过程中水分转换机理的认识，如Zhu等（2019）基于VIC模型模拟的径流、蒸散发等水文气象变量，分析了黄河流域气象干旱及水文干旱时空演变规律并构建了气象—水文干旱三维联结方法；Ma等（2019）基于DTVGM模型揭示了黑河流域干旱传递特性，定量分析了气候变化和人类活动对干旱传递的影响程度，揭示了气候变化和人类活动对干旱传递的影响机制；Chen等（2019）通过SWAT模型揭示了滦河流域气象干旱、农业干旱及水文干旱的关联性及大尺度环流因子对干旱传递的影响。在进行干旱模拟与监测时，要求模型能够准确描述干旱发展中的水分转换过程，但是常用的水文模型多被用来模拟洪峰流量过程，对枯季径流的模拟效果可能不尽如人意，而对极端干旱期及枯季径流模拟效果的提升依赖于对干旱发展中水分转换过程认识的提高。

1.2.2　干旱传递的定义及特性量化

1.2.2.1　干旱传递的定义

1987年，Changnon最早通过不同气象水文要素长时序变化来描述不同类型间干旱传递的现象。Eltahir等（1999）在监测美国伊利诺伊州整个水文循环过程中随时间不断变化的干旱信号时，用干旱传播解释研究区地下水含量对干旱的非对称响应问题，第一次将气象干旱至水文干旱的发展过程定义为"干旱传递"（Drought Propagation）。2003年，Peters继续使用干旱传播来描述干旱在地下水循环系统中的转化现象。随后，此定义得到了学术界的普遍认可和引用，并吸引了学界的广泛关注与研究兴趣。干旱传递是气象上的水分亏缺（气象干旱）通过流域下垫面在水文循环过程中传递，最终诱发以河道径流减少、地下水水位降低等为标志的水文干旱的过程（图1-4），其本质是流域水文循环对气象水分亏缺的响应。目前研究普遍认为气象干旱向水文干旱传递的过程存在合并、滞后、延长、衰减以及影响面积增加的现象。合并（Pooling）即多场气象干旱合并引发水文干旱事件；滞后（Lag）即水文干旱通常滞后于气象干旱发生；延长

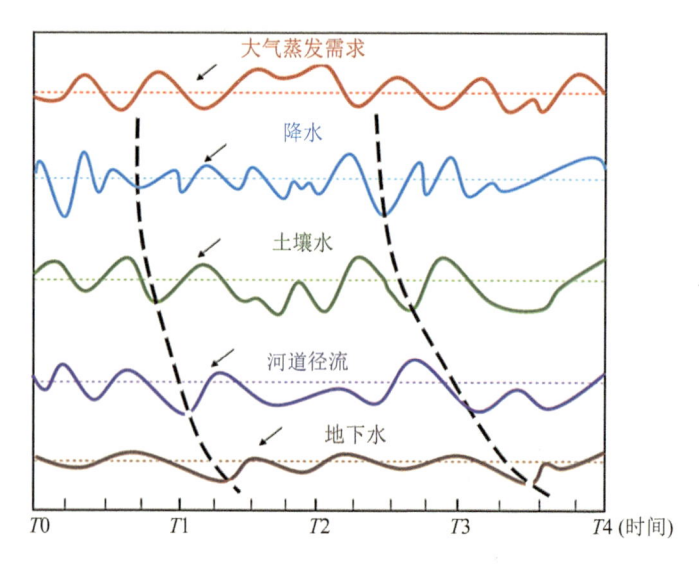

▲ 图1-4　干旱传递过程示意图

(Lengthening)即从气象干旱到水文干旱,持续时间逐渐增加;衰减(Attenuation)即由于旱情开始前流域蓄量较大,从气象干旱到水文干旱过程中水分亏缺的最大异常值存在坦化现象(图1-5)。

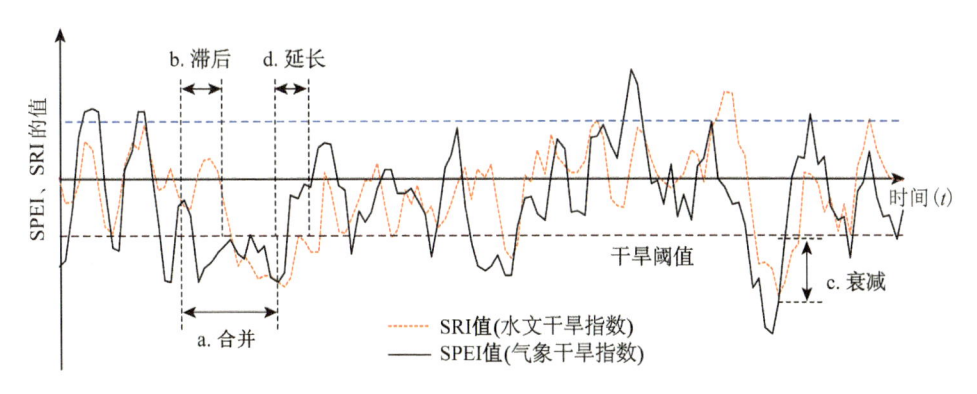

▲ 图1-5 干旱传递的合并、滞后、延长、衰减特征示意图

1.2.2.2 干旱传递时滞效应

目前大量研究集中于量化气象干旱向水文干旱传递的时滞效应,即干旱传递时间。干旱传递时间是反映降水亏缺通过流域陆面水文过程传递至径流出现亏缺历程的重要指标,可为干旱预警预测提供最直观的参考。现有研究多从三个角度确定干旱传递时间:一是从干旱指数整体时间序列/季节序列相依性的角度,采用线性或非线性方法计算不同时间尺度的气象干旱和水文干旱指数间的相关性,以相关性最高的干旱指数时间尺度确定气象干旱向水文干旱的传递时间,其中应用最广泛的最大皮尔逊相关系数法(Maximum Pearson Correlation Coefficient,MPCC)以与月尺度 SRI/SSI 序列线性相关最强的 SPI-n(n月尺度SPI,n取值为1~24)的累积时间步长 n 作为传递时间,非线性方法如最大斯皮尔曼相关系数法、交叉相关分析法、灰色关联分析法等与 MPCC 类似,基于互信息、传递熵、Copula 熵等,取气象干旱向水文干旱传递涵盖信息量最大的时间尺度作为传递时间;二是从匹配气象干旱与水文干旱事件时间差异的角度,以具有时间交集的气象干旱与水文干旱事件开始、峰值、结束时间的差异反映气象干旱与水文干旱的关联性;三是从时频域的角度,通过交叉小波变换、小波互相关等揭示气象干旱与水文干旱在复杂周期特征间的关联性。三种方法获取的传递时

间差异很大,在中国范围内采用不同方法所得从气象干旱到水文干旱的传递时间在 1~12 个月不等,不同方法量化传递时间的合理性值得进一步研究。

1.2.2.3　干旱传递概率特征

由于流域下垫面以及人类活动的影响,气象干旱与水文干旱并不仅仅是简单的线性关系,以仅考虑线性关系的形式建立气象干旱与水文干旱特征间关系并不能反映干旱在产汇流过程中的累积或坦化规律,尤其是在地形平坦、线性关系差的流域,因而很多学者通过联合概率分布函数、多元回归等非线性方法通过传递概率、传递阈值等反映干旱传递的可能性和临界条件。国内外学者通过融合多个干旱关联特征(如干旱历时和干旱烈度等),采用联合概率分布的方法对干旱传递过程事件进行建模,达到对干旱传播事件进行预测的目的。其中,Copula 函数理论在干旱传递研究中得到了广泛应用,其优势主要在于不要求参与计算的变量具有一致的边缘分布函数。近几年,贝叶斯理论也开始逐渐被应用于干旱传递过程建模。贝叶斯理论的有向无环图中的节点表示随机变量,有因果关系的变量对则用箭头来连接,主要用来描述随机变量之间的条件依赖。如 Guo 等(2020)基于贝叶斯模型探讨了不同等级气象干旱向水文干旱传递的干旱历时和烈度阈值;Sattar 等(2019)基于贝叶斯模型和泊松分布建立气象干旱与水文干旱特征的概率联系探讨了气象干旱向水文干旱的传递概率;涂新军等(2021)通过引入概率矩阵量化传递过程中不同干旱等级变化和干旱特征总体变化情况,顾磊等(2021)基于 Copula 函数构建了气象干旱向水文干旱的风险传播模型定量,揭示气象干旱与水文干旱风险的转换关系。基于贝叶斯理论的研究结果显示,中等强度的气象干旱导致更长滞后时间的概率更高,而严重强度的气象干旱事件导致更长滞后时间的概率相对更低。总体来说,统计分析方法仅依靠两种干旱类型特征间的关系,不同研究基于不同统计分析方法和尺度得到了不同的结论,但是,统计分析仅揭示了传递特征的表象,其隐含的更深层次影响机制需要通过物理过程分析进行合理解释。

1.2.3　气象干旱与水文干旱的成因联系

天然状态下,水文干旱通常由气象干旱引起。一般认为气候自然变率驱动的大气过程是水文干旱发展的开始,持续的降水亏缺导致流域水文循环的输入减少,在干旱期内风速增加以及气温增加伴随的水汽压差增大等将导致潜在蒸散发量增加，进而引起实际蒸散发量增加，使得干旱期内下垫面的水分支出增多，但在极端干旱期间，土壤可利用水量不足和植物大量枯萎死亡使得实际蒸散发减少，限制了土壤水分的进一步消耗，这种作用会导致大气异常，可能使气象干旱加剧，导致旱情持续。对于流域下垫面而言，土壤含水量的消耗减少了向地下水的补给量，可能导致地下水水位降低，若干旱前期地下水水位较高，这种补给减少的作用并不明显，但当地下水水位较低时，地下水向河道径流排泄量的减少将会导致河道径流量的削减，最终发展成为水文干旱。在这个过程中，降水、蒸散发、土壤水、地下水与径流间的相互作用是复杂且动态变化的，围绕这一过程，很多学者探讨了蒸散发、土壤水、地下水在干旱传递中的响应机制，如 Moore 等（2011）对美国小尺度森林流域的研究表明，在小时至年尺度上河道径流量与土壤含水量的相关性均强于蒸散发，并且在旱季土壤水分的亏缺导致径流对土壤水的响应时间延长；Peters 等（2006）发现，地下水位的下降对气象干旱具有明显的滞后和衰减效应，这种滞后和衰减的叠加效应是多年地下水干旱的重要原因；Tang 和 Piechota（2009）对科罗纳多河流域的研究表明土壤含水量与 PDSI、降水量、径流量在不同时间尺度上均有良好的小波相干性，严重的土壤水分异常引发了 1953—1956 年的大范围干旱蔓延；Apurv 等（2017）基于水文模型模拟结果发现在地下水具有强季节性的流域，由于干旱期大量土壤水的消耗导致地下水补给减少，因而水文干旱历时较长；Deb 等（2019）认为在澳大利亚千年干旱期间，地下水位显著下降以及土壤水与地下水补给关系的切断是干旱期径流大幅削减的重要原因。

从气象干旱向水文干旱传递的过程本质是流域径流过程对气象上水分亏缺的响应，可从流域降雨—径流关系的角度分析。降雨—径流关系是降水量与其所产生的径流量之间的关系，受气候条件以及流域下垫面等多种因素影响。这一关系可以以气候条件、地形等下垫面特性函数的形式表达。通常认为天然流域多年尺度上的降雨—径流关系是线性且相对稳定的，因此，未来流域的水文响应可基于历史时期降雨—径流关系预测。然而，最近的相关研究表明，干旱引发的流域水文响应变化可能使得流域降雨—径流关系发生较大的转变，干旱期降水量减少可能会导致不同程度的径流量减少，干旱期伴随的气温升高等可能导致实际蒸散发量增加，增加了流域下垫面的水分支出，影响产流过程，从而导致干旱期降水的产流量与湿润期具有较大差异。针对不同流域的研究显示枯水年与丰水年流域降雨—径流关系具有差异,如 Saft 等(2015)指出,在澳大利亚持续近十年的世纪干旱期间年降雨—径流关系与湿润期相比具有极大的差异,多年连旱期间径流量的减少并不完全由降水量减少导致;Avanzi 等(2020)在美国加州的研究表明地中海气候区多年连旱改变了降水在流域水量平衡组分径流、蒸散发、流域蓄量间的分配,在以地表径流为主的流域年降水的产流量减少约38%;Zhang 等(2018)对黄土高原的研究发现多年气象干旱导致年降水对径流的转化率呈现显著减小趋势;Tian 等(2020)对中国东部季风气候区 265 个流域的研究表明枯水年径流系数平均减少 26.4%。事件过程尺度的降雨—径流关系比年降雨—径流关系变化更为复杂,不同降水事件的降雨—径流关系差异更大。以往研究多集中于以年尺度分析干旱期降雨—径流关系变化,对于以更精细的尺度研究干旱期降雨—径流关系的变化相对缺乏。明晰干旱期流域降雨—径流关系变化特征,定量分析各影响因素对其影响程度,对合理进行流域水资源管理开发、掌握流域水循环机理等方面均有重要的理论意义与实际价值。

1.3 干旱传递过程的影响机制

从气象干旱传递至水文干旱的过程是流域水文循环过程对降水亏缺的响应,受到气候(降水、潜在蒸散发等)、流域下垫面(地形、土壤、水文地质等)以及人类活动(水利工程调节、灌溉、用水等)的共同影响和作用。本节简要总结流域自然特性、气候变化以及人类活动三个方面对干旱传递过程的影响。

1.3.1 流域自然特性对干旱传递的影响

流域自然特性主要包括气候条件和地理特征,通过影响区域产汇流规律使水文干旱及传递特征呈现空间异质性。以降水、气温等为代表的气候因子对水文干旱特征以及传递过程具有显著影响,例如在融雪径流主导的地区,气温对水文干旱的形成与发展具有直接影响。Zhang 等(2018)发现长江流域水文干旱峰值特征增加的主要原因在于潜在蒸散发,降水量和蒸散发量对水文干旱历时和烈度的影响因流域不同而有差异;Apurv 等(2017)发现降水季节性、干燥度和降水时长是造成不同干旱传递机制的主要原因;Bhardwaj 等(2020)对印度流域的研究发现降水季节性显著影响了干旱传递的时间,但干燥度对干旱传递并无显著影响。干旱传递过程在干湿分明的季节性气候与相对均匀的气候类型中具有显著差异,如 Gevaert 等(2018)基于全球尺度水文模型对比不同气候区的干旱传递特性,结果显示气候类型显著影响干旱传递特征,相较于热带气候,干旱传递过程在干旱和大陆性气候中更慢。以地形、水系特征、海拔、土壤类型等为代表的流域下垫面特征影响流域调蓄作用进而影响干旱传递的滞后、衰减、延长等特征。在水文过程响应慢的流域,水文干旱对气象干旱的响应也慢,这可能导致具有成因联系的气象干旱与水文干旱发生在不同季节,例如,在受地下水补给的流域,水文过程对气象亏缺响应慢,冬季径流补给的亏缺是次年夏季水文干旱的重要原因,因而连续的冬季干旱导致了一场多年连旱事件。与流域蓄量相关的积雪冰川、湿地、土壤、地下水、湖泊、水库等决定了流域的长期蓄存特征,决定了气象亏缺信号在流域水文循环中的传递,而流域蓄量取决于气候(冰川积雪地区)和下垫面的地形等特征(地质类型、地形、土壤、水系、土地利用、植被等)。很多研究在不同尺度和流域探讨了高程、坡度等特征与水文干旱特征的相关性,但是 Van Loon 和 Laaha (2015)指出单一的高程、坡度、植被等特征并不能完全解释流域特性对水文干旱的影响。基流指数(BFI)虽然不是流域下垫面的特征因子,但可综合反映流域的地形、地貌和蓄排能力等特性,其在干旱传递研究中得到了广泛的讨论,如 Van Loon 和 Laaha (2015)对奥地利阿尔卑斯山附近 44 个流域的研究发现,BFI 对水文干旱历时影响显著;Barker 等 (2016)对英国 121 个流域的研究表明,BFI 对水文干旱历时和烈度均有显著影响。总体而言,水文干旱及传递特征的主导性因子在不同流域具有差异性,流域下垫面对干旱传递的影响尚未有定论,其影响机制和程度尚不明确,需要在不同尺度、不同流域进一步探讨其在干旱传递过程中的作用机制。

目前关于流域自然地理特征对水文干旱影响的研究主要采用三种方法,一是基于物理机制的模型,二是线性相关分析,三是监督学习分类方法。基于物理机制的模型能够精细反映不同气候或流域特征条件下相关水文过程的变化,但基于物理机制的模型应用往往受到空间尺度差异、模型参数不确定性和模型结构误差的影响。监督学习分类方法(如随机森林等)在影响机制未知的条件下也可以捕捉到输入变量(气候和流域特性)和输出变量(水文干旱特征)之间的关系,但其分析结果的可靠性高度依赖于输入数据的代表性。在有足够样本的条件下,简单的统计方法,如皮尔逊相关性分析,更容易在不同空间尺度下使用,但代表流域自然特性的不同因子间并不是相互独立的,如高程与降水量存在一定的正相关关系,因子间的共线性使得简单线性相关不能客观反映单一的影响因子与水文干旱及干旱传递特征的关联性。三种方法在实际应用中各有利弊,应根据研究区代表性、研究目的以及数据情况选择合适的方法。

1.3.2 气候变化对干旱传递的影响

气候变化主要通过改变降水、气温、蒸散发等气象要素进而引起水分要素时空分布格局的变化,从而影响气象干旱向水文干旱的传递过程,其主要影响干旱传递的合并和延长特征。已有研究发现,在未来不同气候变化情景下气象干旱向水文干旱传递的概率均显著增加。现阶段气候以变暖为主,气候变暖引起的大尺度环流异常(如厄尔尼诺-南方涛动,ENSO)导致降水时空分布更不均匀,增加了极端水文干旱发生的概率。Huang 等(2017)指出,厄尔尼诺、南方涛动和北极涛动等大尺度大气环流影响渭河流域实际蒸散发量,而降水亏缺伴随着蒸散发增强加快了水文干旱的发生,进而影响气象干旱向水文干旱的传递时间;Zhou 等(2019)对石羊河流域的研究显示气候变化影响降水与蒸散发的收支平衡关系,改变了区域产流量,进而影响气象干旱向水文干旱传递的过程;Ma 等(2019)在对黑河流域的研究中分离了气候变化和人类活动对水文干旱及干旱传递的影响和贡献,结果显示径流量和传递时间增加;薛联青等(2023)对塔里木河源区流域的研究也显示,气候变暖加速了冰雪消融,融雪径流的补充作用使得水文干旱发生频率降低,春季在干流中气象干旱向水文干旱传递的时间相应增长。目前大多研究是在评价气候变化下干旱演变趋势的基础上,分析气候变化对干旱传递的影响。然而,气候变化对干旱的影响是否可以等同于其对干旱传播过程的影响还有待探讨。

1.3.3 人类活动对干旱传递的影响

人类活动对干旱的影响是多层次的,20 世纪中期以来全球气候变暖的重要原因之一便是温室气体排放,从这个角度而言,人类活动通过温室气体排放引起的全球气候变暖间接影响了气象干旱向水文干旱传递过程。除此之外,人类活动还通过改变河流蓄存状态与水力联系(主要通过蓄、引、提、调水工程)引起河流与地下水系统调蓄功能变化,或者通过改变用水时空结构与分布(灌溉与城镇化)引起地表产流条件与耗排条件的变化,从而直接影响到气象干旱向水文干旱的传递过程。

水库蓄水、跨流域调水等工程措施通过调节水量的时间分配来增加干旱缺水时段的可用水量,对减轻干旱影响、提高干旱应对能力是有益的,如在 2014 年美国加州严重干旱期间,水库调节减少了 50% 的枯水期缺水量(He et al.,2017)。水库的调节作用导致河道径流对降水变化的响应关系发生明显变化,从而使水文干旱的出现时间、频率、强度及历时发生改变,如 Zhang 等(2015)对淮河支流沙颖河两个水库的分析发现,上游水库调节使下游河道径流对降水的响应时间由不到 1 个月延长至 6~7 个月,水文干旱发生频率降低、极端干旱历时缩短,但中等干旱的历时延长;Rangecroft 等(2016)发现水库有助于降低水文干旱的频率、历时和强度,但无法缓解连续多年的长期干旱;Guo 等(2021)在对黄河上游的研究中发现,大型水库延缓了下游气象干旱向水文干旱的传递过程,距离库址越远,这种延缓作用越小。水库的影响也具有两面性,水库在减轻库区及受水区的干旱严重程度时,对其下游地区可能存在负面影响,如 Wang 等(2019)对我国滦河流域的研究表明,由于上游水库调节及水量外调的影响,水库下游水文干旱的发生频率、历时及亏缺量都有所增长;Cheng 等(2021)也基于 PCR-GLOBWB 模型揭示了水库调节缓解下游水文干旱但加重上游干旱的空间差异。综上所述,水库对不同的区域和尺度具有不同的影响,评价水库对干旱传递的影响需要综合考虑水库功能及其供水保障范围、多水库联合调度等多方面因素。

人类活动用水包括农业用水、工业用水、生活用水、生态用水等,其中约一半为消耗性用水,农业用水的比重最高,相应的耗水量也最大。过去几十年全球用水量成倍增加的最主要原因是灌溉用水的增加。Van Loon 等(2013)对西班牙瓜迪亚纳河上游的研究发现,大量抽取地下水用于灌溉使得干旱期地表水缺水量和地下水水位最大异常值增加了近 4 倍;Yang 等(2020)的研究也表明大规模灌溉用水导致枯季河道径流减少,加剧了黄河流域水文干旱严重程度。而在非农业地区,供水系统与生活用水需求之间的矛盾也会引发严重的社会经济干旱。产业布局、人口分布、种植结构等发生改变,区域用水形式、用水结构必然存在一定差异,干旱的时空特性也会发生改变。

土地利用/覆盖变化(Land Use/Cover Change,LUCC)改变了流域下垫面条件,进而影响蒸散发、下渗等产汇流过程,在这个过程中也通过各种形式的用水对水文干旱的形成与发展造成影响。Boisier 等(2014)基于模型分析得出,从工业化前至今在耕地大量扩张地区夏季蒸散发量大幅增加。刘永强等(2016)指出植被可通过地气水分、能量以及其他通量的交换过程影响和反馈干旱,从而影响干旱趋势变化,土地利用变化引起的植被大规模变化势必对干旱发展过程产生一定影响。Zhu 等(2015)发现 1980—2000 年淮河上游水田面积的大幅增加导致年径流量显著减少;Zhang 等(2022)认为城镇化导致的地表不透水面积增加使得地表径流量增加,降低了气象干旱向水文干旱传递的可能性;Wang 等(2021)对老哈河流域的研究结果表明,耕地面积增加导致的用耗水量增加使得河道径流量减少,从而减缓了气象干旱向水文干旱的传递过程。不同的土地利用变化在不同流域以及不同尺度可能具有不同影响,如 Zhao 等(2017)对渭河流域的研究表明,水土保持措施如退耕还林还草可能减小地表产流量、增加蒸散发量,从而加剧水资源短缺;Omer 等(2020)对黄河流域的研究表明森林植被的破坏会使水文干旱加剧,但退耕还林、草地恢复等措施将缓解水文干旱。也有学者指出土地利用变化对水文过程的影响有限,如 Ji 等(2019)对渭河流域的研究表明城镇化和退耕还林还草对径流变化的影响有限,远小于人类活动如用水等对径流的直接影响。

目前研究人类活动影响干旱特性与发展过程的方法大致有四类:(1)相似流域对比,选用具有相似地理特征(相似的面积、气候、植被、土壤、坡度、坡向,并且位置相邻或相近)但不同人类活动特征(水库调节、灌溉用水)的对照流域,对比二者的干旱特征,将干旱特征的差异归为人类活动的影响;(2)流域受人类活动干扰前后期或河流受干扰段上下游观测数据对比,对比前后时段(或上下游)的干旱特征,并将干旱特征的差异归为人类活动的影响;(3)水文时间序列分解与统计分析,分解水文时间序列中的周期性成分、突变点、趋势及气候因子的时间序列变化特性,然后剔除水文时间序列变化中的气候变化成分,或对比分析突变点前后水文干旱特性,以确定人类活动对水文过程与干旱特性的影响力度,在此基础上分析对干旱的影响程度;(4)水文模型模拟,以受人类活动干扰前为基准期构建水文模型,利用该模型模拟受影响时段的径流过程,对比分析人类活动影响时段实测径流过程中的干旱特性与模拟的"自然"径流过程中的干旱特性,可区分出由于人类活动造成的干旱特性变化。这些方法也可以组合应用。

1.4 小结

前文从干旱的定义与特征度量、干旱传递特性及其定量分析、干旱传递过程的影响机制三个方面对干旱传递的相关研究进展进行了阐述,从以上研究进展中可以看出,明确气象—水文干旱传递特性及其影响机制还需进一步研究以下几个方面的问题。

(1) 干旱指数的适用性及不确定性

以往研究评价干旱指数在不同地区的适用性多通过不同干旱指数的对比,比较不同指标度量干旱的能力,但是并未考虑干旱指数本身在什么样的数据输入、计算方法等条件下最能有效指示干旱状况。以应用最广泛的标准化指数 SDI(包括表征气象干旱的 SPI 及 SPEI、表征水文干旱的 SRI 以及表征农业干旱的 SSMI 等)为例,其计算结果的合理性高度依赖于累积降水或其他水文气象变量序列的频率计算,而频率计算这一过程的准确性取决于拟合降水、径流等序列的概率分布函数、参数估计方法以及序列长度等。因此,明确干旱指数的最优概率分布、时间尺度以及序列长度,才能合理评估干旱,为提升区域旱情监测及评估水平提供基础。

(2) 气象干旱向水文干旱传递过程特征的系统认识

现有研究多基于统计分析方法探讨气象干旱与水文干旱的关联性,但统计分析方法只是基础,干旱传递形成机制复杂,气象干旱与水文干旱通常呈现显著的非一致性及非线性响应特征,对干旱传递规律的系统认识不仅要探讨干旱发展过程的内在特征,更要明晰气象干旱与水文干旱间的对应关系,定量揭示不同条件下气象干旱引发水文干旱、气象干旱与水文干旱特征存在怎样的放大/衰减关系等,才能及时把握干旱发展的动态,为区域干旱预警预测提供有力的支撑。

(3) 干旱传递过程的影响机制

以往很多研究探讨了在不同气候区及不同流域尺度下水文干旱历时、严重程度等特征的影响因子,但是影响干旱速度特征的机制并未得到广泛关注。此外,由于流域特性(包括自然特性与人类活动)的差异,水文干旱对气象干旱的响应机制复杂,尤其是水利工程调蓄改变了水资源的时空分配格局,对不同区域的干旱传递过程将会产生不同的影响,很多区域受城镇化进程加快的影响,土地利用覆盖方式改变显著影响流域产汇流过程,这些变化对不同区域、不同时间尺度的干旱传递过程产生何种影响还有待进一步深入研究。

针对以上问题,本书在将SPI应用于中国不同气候区的若干问题进行探讨的基础上,围绕气象—水文干旱传递过程影响机制这一科学问题,以淮河蚌埠以上流域为研究对象,通过站点观测、模型模拟两种途径,构建气象—水文干旱传递特性分析框架,定量反映传递特征的多时间尺度效应,揭示气候、流域下垫面以及水库调蓄、土地利用覆盖变化代表的人类活动对干旱传递过程的影响机制。

本书后续章节内容安排如下。

第2章针对SPI在气象干旱评估中存在的理论概率分布、时间尺度、序列长度等方面的争议与问题进行分析,厘清SPI在中国不同气候区有效指示干旱的适宜设置及不确定性,并通过条件概率量化SPI计算不确定性对气象干旱评估的影响。

第3章在第2章评估干旱指数基础上构建气象—水文干旱传递特性量化分析框架,建立气象干旱与水文干旱的关联性,并通过非线性方法量化气象—水文干旱传递的发生概率、传递阈值、时滞效应、水分亏缺变化等特性,在典型流域探讨气象—水文—地下水干旱的传递关系。

第4章通过构建SWAT水文模型,将气象—水文干旱传递特性量化分析框架推广应用至全流域和多时间尺度,从全流域角度揭示气象—水文干旱传递特性的多尺度效应和空间分布规律。

第5章在第4章的基础上,通过影响因子分析探讨气候、流域下垫面特征、人类活动对传递特性的影响,从干旱期降雨—径流关系改变的角度探讨干旱传递过程的降雨—径流响应机理,揭示气候、流域下垫面对气象—水文干旱传递过程的影响机制,并通过相似流域对比、水文模型模拟量化以水库调蓄、土地利用变化为代表的人类活动对干旱传递过程的影响机制。

第6章总结本书的研究成果,并结合干旱传递领域研究热点,从干旱传递的多维度演变特征建立,气象干旱、农业干旱以及水文干旱的传递关系及形成机制系统揭示,不同类型人类活动对干旱传递的影响揭示等方面研究进行展望。

第二章

不同气候区气象干旱指数计算的不确定性分析

干旱指数是定量表征干旱水分亏缺程度的数字标准，是干旱评估的基础工具。自 20 世纪以来，根据不同的研究目的和对象，研究学者开发出的干旱指数多达上百种，其中 SPI 仅以降水量作为输入，计算简便，具有灵活的时间尺度以及时空可对比性，成为世界各国应用最广泛的气象干旱指数，世界气象组织（World Meteorological Organization，WMO）也推荐将其作为气象干旱评估的主要工具。SPI 是一个相对的衡量标准，通过累积降水量序列的累积概率分布转化而来，其计算结果的合理性高度依赖于累积降水的频率计算，而频率计算这一过程的准确性取决于拟合降水的概率分布函数、参数估计方法以及序列长度等。在具体应用中，现有研究在拟合降水量序列的概率分布、适用的时间尺度、样本长度以及降水量序列的非一致性等方面存在诸多争议和问题，这些问题不仅影响 SPI 评估气象干旱的合理性，也导致 SPI 的计算结果出现不确定性，对气象干旱评估结果产生不可忽略的影响。在中国不同气候区，对 SPI 应用的系统性研究和分析相对缺乏，而这方面的研究对于深刻认识 SPI 评估气象干旱的合理性及可靠性、提升区域旱情监测及评估水平具有重要的作用。

本章选择 1960—2016 年中国不同气候区气象站点逐日降水数据，考察候选理论概率分布对不同时间尺度累积降水统计特征的描述能力，对 SPI 应用的适用概率分布、时间尺度、序列长度等展开讨论和分析，并基于非参数 Bootstrap 和参数 Monte Carlo 方法从时间尺度、序列长度、基准期等方面对 SPI 计算的不确定性进行系统分析，定量反映 SPI 值计算对气象干旱评估的影响，系统阐明 SPI 在中国不同气候区的适用性。

2.1 数据及方法概述

2.1.1 数据概况

中国的多年平均年降水量一般从东南沿海地区到西北内陆地区逐渐减少。

本研究采用的逐日降水数据来源于国家气象科学数据中心（https：//data.cma.cn/）提供的中国地面气候资料日值数据集（V3.0），选择中国四个气候区（即湿润区、半湿润半干旱区、干旱区以及青藏高原区域）64个气象站点1960—2016年（共57年）的逐日降水数据，选择的气象站点信息如表2-1所示，除青藏高原区域外，气象站点分布均较为均匀。所选站点均有超过30年的连续数据，仅有青藏高原区域3个站点在1960—2016年期间有部分月份数据缺失，但缺失的数据不超过全序列的1%。由于青藏高原区域的测站稀疏，因此缺失数据由其当日的多年平均值代替，以此得到全序列降水数据。为避免降水量序列非一致性对SPI计算的影响，对所选气象站1960—2016年的年降水量序列进行Mann-Kendall（MK）检验，所有站点在0.01的显著性水平上均无显著变化趋势。此外，本研究还通过Fligner-Killeen（FK）检验对各站月尺度上降水量序列的方差齐性进行检验，结果显示除干旱区的6个站点外，所有降水量序列在0.05的显著性水平上均通过方差齐性检验。进一步分析未通过Fligner-Killeen检验的站点方差的趋势变化，降水量序列的方差变化趋势均不显著，可用于后续理论概率分布拟合及统计检验分析。

表2-1　中国四个气候区气象站点主要信息

气候区	站点名称	省（区、市）	多年平均年降水量（mm）
湿润区	温江	四川	917
	昆明	云南	992
	万源	四川	1 243
	枣阳	湖北	843
	梁平	重庆	1 260
	长沙	湖南	1 439
	芷江	湖南	1 251
	桂林	广西	1 895
	射阳	江苏	1 003
	合肥	安徽	1 005
	衢州	浙江	1 681
	广昌	江西	1 749

(续表)

气候区	站点名称	省(区、市)	多年平均年降水量(mm)
湿润区	福州	福建	1 398
	靖西	广西	1 619
	汕头	广东	1 570
	深圳	广东	1 916
	北海	广西	1 769
	海口	海南	1 706
半湿润半干旱区	呼玛	黑龙江	457
	图里河	内蒙古	453
	新巴尔虎左旗	内蒙古	279
	齐齐哈尔	黑龙江	430
	乌兰浩特	内蒙古	423
	佳木斯	黑龙江	537
	靖远	甘肃	232
	朱日和	内蒙古	208
	呼和浩特	内蒙古	403
	榆林	陕西	407
	石家庄	河北	530
	太原	山西	443
	延安	陕西	538
	巴林左旗	内蒙古	366
	锡林浩特	内蒙古	278
	长春	吉林	581
	敦化	吉林	624
	沈阳	辽宁	691
	丹东	辽宁	783
	北京	北京	553
	天津	天津	537

(续表)

气候区	站点名称	省(区、市)	多年平均年降水量(mm)
半湿润半干旱区	大连	辽宁	619
	济南	山东	699
	郑州	河南	635
干旱区	和布克赛尔	新疆	145
	昭苏	新疆	507
	吐鲁番	新疆	15
	莎车	新疆	56
	和田	新疆	40
	且末	新疆	25
	额济纳旗	内蒙古	35
	红柳河	新疆	48
	酒泉	甘肃	89
	武威	甘肃	170
	阿拉善左旗	内蒙古	212
青藏高原区域	拉萨	西藏	435
	茫崖	青海	49
	格尔木	青海	80
	西宁	青海	387
	狮泉河	西藏	70
	江孜	西藏	286
	隆子	西藏	281
	杂多	青海	533
	甘孜	四川	649
	松潘	四川	719
	九龙	四川	913

2.1.2 标准化降水指数(SPI)

SPI假设某时间步长内的累积降水量序列服从某一理论概率分布,从而将降水的累积概率分布通过等概率转换处理为服从标准正态分布的指数序列,这样将某时间步长内的水分盈亏状况转化为概率进行表征,并通过标准化的方法使SPI具有了时空可对比性的明显优势,可对比不同地区不同时段的干湿状况。SPI的另一明显优势在于时间尺度灵活。Mckee等(1993)在研究科罗拉多州气象干旱时提出时间尺度的概念,认为水文循环中的水文要素对降水响应时间不同,因而不同时间步长的累积降水量对农业、水文等不同类型干旱具有重要意义,通过引入前期累积的思想,对降水量序列进行不同时间步长的滑动累积。SPI计算的累积时间步长即为时间尺度(通常采用1~24个月),短时间尺度SPI可反映短期水分盈亏状况,长时间尺度SPI可反映长期累积水分的变化特征。通常SPI要求计算的序列长度至少为30年。

本研究采用移动窗口法逐日计算不同时间尺度SPI,以获得逐日连续的不同时间尺度SPI序列,其具体做法是:计算时间尺度为N的SPI时,首先滚动计算逐日的当日(终止日期)与前$N-1$日累积降水量,获得逐日的N日尺度累积降水量序列,然后对历年同日的累积降水量序列计算SPI。基于此,将逐日降水数据处理为10、20、30、90、180、365(或366)日尺度累积降水量序列,这样一年中的365日(或366日)都有对应的不同时间尺度累积降水量序列,由累积降水量序列计算SPI的过程如下:

假设长度为n的某时间尺度累积降水量序列$X=(x_1,x_2,\cdots,x_i,\cdots,x_n)$服从的理论概率密度函数为$f(x,\theta)$,其中$\theta$为概率密度函数参数组,其累积概率$F(x)$为:

$$F(x)=\int_0^x f(x,\theta)\mathrm{d}x \tag{2-1}$$

累积降水量序列拟合理论概率分布时采用的是序列中的非零样本,实际应用中累积降水量序列通常有零值存在,因此需要对零值进行处理。序列中降水量为0的事件概率q为:

$$q = \frac{m}{n} \tag{2-2}$$

式中，m 为累积降水量序列中降水量为零值的个数，n 为累积降水量序列长度。

考虑零值时累积降水量序列的累积概率修正为：

$$H(x) = q + (1-q)F(x) \tag{2-3}$$

将考虑零值的累积概率 $H(x)$ 通过标准正态累积分布函数的反函数转化成均值为 0、标准差为 1 的标准化正态分布，应用 Abramowitz 和 Stegun 于 1965 年提出的近似求解法，SPI 的近似值计算如下：

$$\mathrm{SPI} = -\left(t - \frac{c_0 + c_1 t + c_2 t^2}{1 + d_1 t + d_2 t^2 + d_3 t^3}\right),$$
$$t = \sqrt{\frac{1}{[H(x)]^2}}, \quad 0 < H(x) \leqslant 0.5 \tag{2-4}$$

$$\mathrm{SPI} = t - \frac{c_0 + c_1 t + c_2 t^2}{1 + d_1 t + d_2 t^2 + d_3 t^3},$$
$$t = \sqrt{\frac{1}{[1-H(x)]^2}}, \quad 0.5 < H(x) \leqslant 1 \tag{2-5}$$

式中，$c_0 = 2.515\,517$，$c_1 = 0.802\,853$，$c_2 = 0.010\,328$，$d_1 = 1.432\,788$，$d_2 = 0.189\,269$，$d_3 = 0.001\,308$。

SPI 的这一套基于累积概率分布和等概率转换的标准化算法不仅可以用于降水，同时也适用于其他水文要素变量，如径流、土壤含水量等，由此衍生出的标准化干旱指数有表征气象干旱的 SPEI、表征水文干旱的 SRI、表征农业干旱的 SSMI 等。以 SPI 为代表的标准化干旱指数的干旱等级划分标准如表 2-2 所示。

表 2-2 标准化降水指数干旱等级划分标准

SPI 值	干旱等级	发生频率
>-1	无旱	82.5%
$(-1.5, -1]$	中等干旱	10.0%
$(-2, -1.5]$	严重干旱	5.0%
$\leqslant -2$	极端干旱	2.5%

2.1.3 拟合优度检验

本研究采用非参数 K-S(Kolmogorov-Smirnov)检验和赤池信息准则 AIC (Akaike Information Criterion)检验理论概率分布拟合累积降水量序列的效果。K-S 检验通过比较样本的经验概率分布 $F(x)$ 与理论概率分布 $G(x)$ 之间的最大差值与给定显著性水平 α 下的临界值 $D(\alpha, n)$ 大小选择接受或拒绝原假设,统计量 D 的计算如下:

$$D = \max|F(x) - G(x)| \tag{2-6}$$

K-S 检验的原假设 H_0 为:样本的经验概率分布 $F(x)$ 符合理论概率分布 $G(x)$。K-S 检验中的 $D(\alpha, n)$ 为给定显著性水平 $\alpha(\alpha = 0.05)$ 和样本数量 n 下的临界值,可通过查表获得,p-value 为原假设 H_0 成立的概率。如果 $D > D(\alpha, n)$ 或 $p < 0.05$,则拒绝原假设 H_0,累积降水量序列不服从该理论概率分布;如果 $D < D(\alpha, n)$ 或 $p > 0.05$,则接受原假设 H_0,累积降水量序列服从该理论概率分布,且 K-S 检验的 p-value 值越大,理论概率分布对累积降水量序列的拟合效果越好。

考虑到可能存在多种候选理论概率分布同时通过 K-S 检验的情形,因此进一步采用 AIC 准则(Akaike,1974)对比多种理论概率分布对累积降水量序列的拟合效果。AIC 以玻尔兹曼熵相对于真实模型概率函数的期望值来衡量任何一个候选模型与"真实模型"之间的差别,AIC 准则计算如下:

$$\text{AIC} = n\log(SSE/n) + 2m \tag{2-7}$$

式中,n 为样本容量,SSE 为残差平方和,m 为理论概率分布参数个数。残差平方和 SSE 计算如下:

$$SSE = \sum_{i=1}^{n}(O_i - P_i)^2 \tag{2-8}$$

式中,O_i 和 P_i 分别是累积降水量序列的经验概率和理论概率。AIC 准则包含了两部分信息:一是理论概率分布函数拟合的偏差,体现在似然函数项 $n\log(SSE/n)$;二是参数个数造成的不稳定性,体现在惩罚项 $2m$。当候选理论概率分布拟合结果间存在较大差异时,差异主要体现在似然函数项

$n\log(SSE/n)$,当结果差异不显著时,模型参数的惩罚项 $2m$ 则起作用,随着模型中参数个数 m 增加,AIC 值增大,这种方式有助于减少增加参数个数对降水量序列过度拟合的情况。AIC 的目的是寻找可以最好拟合数据但包含最少参数的理论概率分布,AIC 值最小的候选理论概率分布即为最优理论概率分布。

2.1.4 抽样模拟方法

2.1.4.1 Bootstrap 方法

Bootstrap 方法是 Efron（1979）提出的以原始数据为基础的抽样统计推断方法,它不需要对总体分布进行假设即可推断总体的参数特性,并可定量描述参数估计的不确定性。Bootstrap 方法的实现方式有两种,一种是通过从数据本身中重抽样得到多组相同容量样本,另一种是由原始数据拟合得到概率分布模型并随机模拟获得多组相同容量样本,进而依据样本来估计统计量的不确定性。其中前者为非参数法,后者被称为参数法,参数法的本质其实是 Monte Carlo 方法。Bootstrap 方法在评价干旱指数计算的不确定性中已得到了较多应用。

本节采用非参数 Bootstrap 抽样方法评价 SPI 值计算的不确定性。假设某特定长度的累积降水量序列为 $X=(x_1, x_2, \cdots, x_i, \cdots, x_n)$,通过以下步骤可以定量估计 SPI 计算的不确定性（图 2-1）：

（1）对累积降水量序列有放回地重复抽取样本 N 次,获得 N 组具有相同容量 m（$m \leqslant n$）的再生样本 $X_j=(x_{j,1}, x_{j,2}, \cdots, x_{j,m})$,$j=1, 2, 3, \cdots, N$；

（2）根据假定的理论概率分布,采用极大似然法估计每一组再生样本 X_j 的统计参数 $\theta^*=(\theta_1^*, \theta_2^*, \cdots, \theta_j^*, \cdots, \theta_N^*)$,共获得 N 组参数 θ 的估计值 θ^*；

（3）计算 N 组参数 θ^* 的变差系数（Coefficient of Variation，CV）及 90% 置信区间宽度（Confidence Interval Width，CIW，即 θ^* 从小到大排列的 5% 和 95% 两个分位点之间的数值之差）,定量评价分布参数的不确定性,置信区间宽度及变差系数越小,不确定性也就越小；

（4）利用（2）中估计的 N 组参数计算得到 x_i（$i=1, 2, 3, \cdots, m$）的 N 个累积概率 $P(x_i)$,采用式（2-4）及式（2-5）等概率转换,将这 N 个累积概率标准正态化,得到 x_i 对应的 N 个 SPI 值（SPI_{ij},$j=1, 2, 3, \cdots, N$）；

（5）计算 N 个 SPI_{ij} 的变差系数及 90% 置信区间宽度（即 SPI_{ij} 从小到大排列的 5% 和 95% 两个分位点之间的数值之差）,定量反映 SPI 的不确定性。

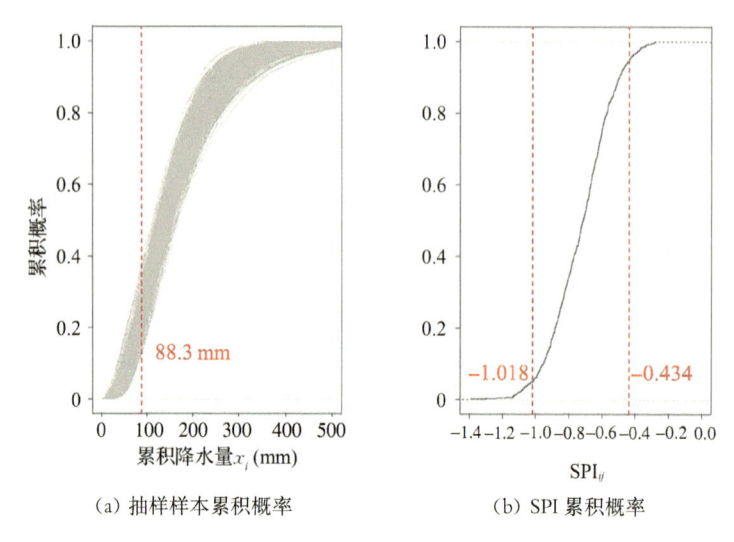

▲ 图 2-1 利用 Bootstrap 方法计算 SPI 置信区间图例

(a) 抽样样本累积概率　　(b) SPI 累积概率

注：对于降水量 $x_i = 88.3$ mm，通过有放回抽样 N 次获得的 N 组估计的参数 θ^* 计算得到 x_i 的 N 个累积概率 $P(x_i)$ 的估计值(a)；将 N 个累积概率 $P(x_i)$ 的估计值通过标准正态分布的反函数等概率转换为 SPI_{ij}，N 个 SPI_{ij} 的 5% 和 95% 分位点对应 SPI 值分别为 -1.018 和 -0.434，即为 SPI_{ij} 的 90% 置信区间下界和上界(b)。

2.1.4.2　Monte Carlo 模拟方法

采用 Bootstrap 方法分析的抽样数量不能超过原始样本容量，无法满足对不同长度更长序列的参数估计不确定性分析的需要，因此采用 Monte Carlo 模拟方法对给定概率分布进行随机样本生成，以分析样本容量大小等对参数估计和 SPI 计算的影响。

假设某特定长度累积降水量序列为 $X = (x_1, x_2, \cdots, x_i, \cdots, x_n)$，基于 Monte Carlo 方法评价参数估计和 SPI 计算的不确定性步骤如下：

（1）采用极大似然法估计累积降水量序列 X 的概率分布统计参数组 θ；

（2）根据参数组 θ 随机模拟生成具有参数 θ 的理论概率分布且容量为 m 的样本 N 组，获得每组样本容量为 m 的模拟降水量序列 $X_j = (x_{j,1}, x_{j,2}, \cdots, x_{j,m})$，$j = 1, 2, 3, \cdots, N$，$N$ 和 m 可根据模拟需要设为任意大小；

（3）重复 Bootstrap 方法步骤（3）～（5）计算参数 θ 和 SPI 的变差系数及 90% 置信区间宽度。

2.2 SPI 在中国不同气候区的适用性

2.2.1 累积降水量序列理论概率分布优选

计算 SPI 时首先要确定合适的概率分布,采用不同的概率分布(包括不同的概率分布类型以及不同的概率分布参数)可能会导致 SPI 计算结果出现差异,低估或高估干旱的实际严重程度,进而影响气象干旱评估结果。在中国不同气候区,是否 Gamma 分布对于不同时间尺度累积降水量序列都是最优的概率分布形式也仍是一个值得探讨的问题,因此需要根据降水资料选择最优的理论概率分布拟合不同气候区的累积降水。

根据以往研究成果选择了常用的五种偏态的理论概率分布作为中国不同气候区累积降水量序列拟合的候选理论概率分布,其中,两参数偏态分布有 Gamma 分布(GAM)、Weibull 分布(WEI),三参数偏态分布有广义极值分布(GEV)、PearsonⅢ型分布(PE3)以及 Tweedie 分布(TWE),五种候选概率分布的概率密度函数及参数如表 2-3 所示。在五个理论概率分布中,只有 TWE 分布在水文气象中应用较少,TWE 是泊松与伽马分布的复合分布,已有研究表明其对日降水量与月降水量均有较好的拟合效果,因而本研究将其作为候选概率分布。候选概率分布中,GAM、WEI、TWE 以 0 为下限,其余分布无下限,累积降水量均在候选理论概率分布定义域内。候选理论概率分布函数的各个参数均通过极大似然法估计,候选理论概率分布示例如图 2-2 所示。

表 2-3 候选理论概率分布密度函数及参数

概率分布	概率分布密度函数	参数
Gamma 分布 (GAM)	$f(x) = \dfrac{1}{\beta^{\alpha} \Gamma(\alpha)} x^{\alpha-1} e^{-\frac{x}{\beta}}$	形状 α,尺度 β
Weibull 分布 (WEI)	$f(x) = \dfrac{\alpha}{\beta} \left(\dfrac{x}{\beta}\right)^{\alpha-1} e^{-\left(\frac{x}{\beta}\right)^{\alpha}}$	形状 α,尺度 β

(续表)

概率分布	概率分布密度函数	参数
广义极值分布 (GEV)	$f(x) = \dfrac{1}{\beta}\left[1+\dfrac{\alpha(x-\mu)}{\beta}\right]^{-1-\frac{1}{\alpha}} e^{-\left[1+\frac{\alpha(x-\mu)}{\beta}\right]^{-\frac{1}{\alpha}}}$	形状 α，位置 β，尺度 μ
Pearson Ⅲ型 (PE3)	$f(x) = \dfrac{1}{\beta^{\alpha}\Gamma(\alpha)}\left(\dfrac{x-\mu}{\beta}\right)^{\alpha-1} e^{\frac{x-\mu}{\beta}}$	形状 α，位置 β，尺度 μ
Tweedie 分布 (TWE)	$f(x) = \alpha(x,\phi) e^{\left\{\frac{1}{\phi}[x\theta-\kappa(\theta)]\right\}}$, $\phi > 0$, $\mu = \kappa'(\theta)$, $VAR(\mu) = \phi\mu^p$	期望 μ，离散参数 ϕ，索引参数 p

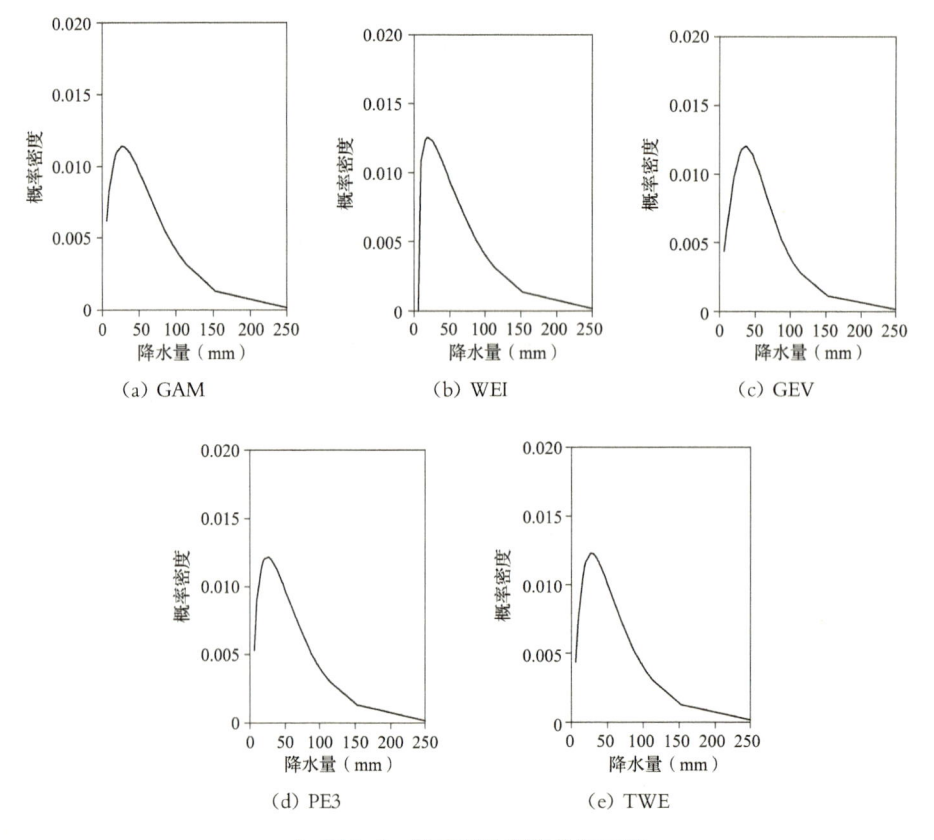

▲ 图 2-2　候选理论概率分布示例

(a) GAM　　(b) WEI　　(c) GEV　　(d) PE3　　(e) TWE

以郑州代表站 30 日尺度的一组累积降水量序列为例表明理论概率分布对 SPI 计算结果的影响。图 2-3 给出了不同候选理论概率分布计算的 SPI 值的差异，从图中可以看出，在无旱状况（SPI＞−1）下，基于不同候选理论概率分布计算的 SPI 值并无显著差异；而在干旱状况（SPI≤−1）下，不同理论概率分布的 SPI 计算结果显示出了较大的差异，不同概率分布对应的曲线出现较大分离，尤其对于极端干旱（SPI＜−2）。对于 30 日累积降水量为 5.9 mm 的极小值点，不同理论概率分布计算的 SPI 值在 −1.87 到 −2.52 之间，相应的干旱等级为严重干旱到极端干旱，由此可见理论概率分布对干旱状况评估的影响是不可忽略的，采用不合适的理论概率分布拟合累积降水量序列会影响气象干旱评估的结果，低估或高估干旱的严重程度，因而在采用干旱指数评估干旱时，对累积降水量与理论概率分布进行拟合优度检验是十分必要的。

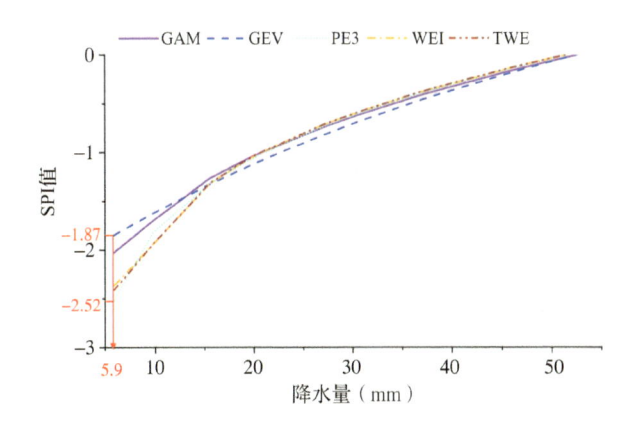

▲ 图 2-3　基于候选理论概率分布计算的 SPI 在偏干旱条件（SPI＜0）的对比

考虑时间尺度及季节差异的影响，每一个时间尺度、每一终止日期的累积降水量序列拟合最优的理论概率分布可能不同，因此应对每一个时间尺度、每一终止日期的累积降水量序列分别拟合最优理论概率分布及参数以进行统计。中国四个气候区（湿润区、半湿润半干旱区、干旱区及青藏高原区域）的候选理论概率分布对不同时间尺度累积降水量序列 K-S 检验 p-value 分布情况如图 2-4 所示，p-value 越接近于 1，候选理论概率分布对累积降水量序列的拟合效果越好。图中显示，在每个气候区的 10 日时间尺度上，不服从任何一个候选理论概率分布的累积降水量序列占一定比例,这表明在中国四个气候区 SPI 值计算短时间尺度如 10 日甚至小于 10 日可能并不适用;根据 K-S 检验的 p-value,当时间尺度超过 10 日时,五种候选理论概率分布对累积降水量序列的 p-value 均大于 0.05,均可用于拟合累积降水量序列。

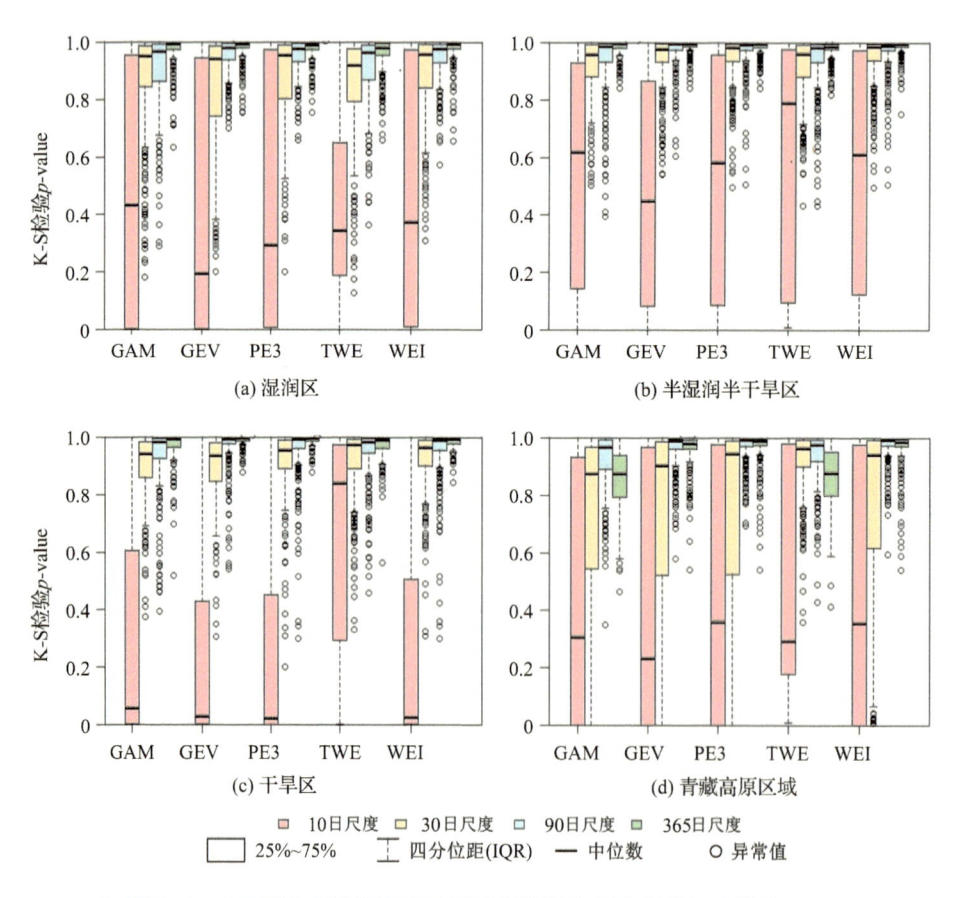

▲ 图 2-4　中国四个气候区不同时间尺度累积降水量序列 K-S 检验 p-value

进一步采用 AIC 准则衡量候选概率分布对累积降水量序列的拟合效果。表 2-4 中列出了四个气候区候选理论概率分布拟合不同时间尺度累积降水量序列 K-S 检验 p-value 的均值和 AIC 指示的最优比率,最优比率为 AIC 指示的最优概率分布(AIC 值最小)在每个气候区的所有站点全部累积降水量序列(即总共 365 日×每个气候区的站点数)中所占百分比。表 2-3 中显示,在四个气候区以及所有时间尺度上没有完全一致的拟合累积降水量序列的最优概率分布，所有候选理论概率分布中，PE3 的表现最差，它在四个气候区的最优比率基本为 0%。随着时间尺度的增加，WEI 的最优比率从 11%～40% 下降到 0，这意味着它对较长时间尺度的累积降水量序列拟合效果相较于其他候选理论概率分布差。比较所有的候选理论概率分布，GAM、GEV 和 TWE 的最优比率相对较高，最优比率分别为 23%～69%、15%～40% 和 3%～33%，其中当时间尺度大于等于 30 日时，四个气候区中 GAM 拟合累积降水量序列的最优比率最高。虽然三参数的 TWE 分布对短时间尺度的累积降水拟合效果较好，但在参数估计中需要采用迭代的方法，使得计算更为复杂，因而该分布应用较少，且 GAM 只有两个参数，计算得到的 SPI 置信区间更小，不确定性更低。综合考虑拟合优度检验结果、计算复杂性等，在中国四个气候区计算 SPI 时应采用两参数 Gamma 分布拟合累积降水量序列，在以下分析中计算 SPI 均采用 Gamma 分布拟合不同时间尺度累积降水量序列。

表 2-4　中国四个气候区不同时间尺度累积降水量序列拟合优度检验结果

气候区	候选理论概率分布	10 日 p 均值	10 日 最优比率	30 日 p 均值	30 日 最优比率	90 日 p 均值	90 日 最优比率	365 日 p 均值	365 日 最优比率
湿润区	GAM	0.62	23.69	0.92	**55.81**	0.94	**57.70**	0.95	**50.49**
	WEI	0.62	11.48	0.94	4.57	0.94	0.00	0.95	0.00
	GEV	0.54	**40.12**	0.93	24.36	0.95	21.21	0.96	30.13
	PE3	0.59	0.00	0.94	0.00	0.95	0.00	0.96	0.00
	TWE	0.6	24.71	0.93	15.26	0.94	21.09	0.96	19.38
半湿润半干旱区	GAM	0.70	26.01	0.93	**39.12**	0.95	**43.58**	0.97	**46.84**
	WEI	0.69	23.71	0.95	9.11	0.96	0.05	0.97	0.00
	GEV	0.68	23.81	0.94	23.71	0.96	24.120	0.96	23.25
	PE3	0.69	0.00	0.94	0.00	0.96	0.00	0.96	0.00
	TWE	0.72	**28.06**	0.94	28.06	0.95	32.25	0.98	29.92

(续表)

气候区	候选理论 概率分布	时间尺度							
		10 日		30 日		90 日		365 日	
		p均值	最优比率	p均值	最优比率	p均值	最优比率	p均值	最优比率
干旱区	GAM	0.30	23.50	0.72	**38.91**	0.93	**42.90**	0.94	**57.04**
	WEI	0.30	29.29	0.73	10.22	0.96	0.27	0.97	0.00
	GEV	0.27	15.85	0.70	19.84	0.96	28.58	0.97	27.92
	PE3	0.28	0.00	0.71	0.00	0.96	0.00	0.96	0.00
	TWE	0.62	**31.36**	0.72	31.04	0.96	28.25	0.97	15.03
青藏高原区域	GAM	0.59	**47.81**	0.91	**56.72**	0.93	**66.18**	0.93	**68.25**
	WEI	0.55	15.19	0.94	6.39	0.95	0.00	0.95	0.00
	GEV	0.57	16.45	0.92	21.42	0.93	20.71	0.95	28.20
	PE3	0.56	0.00	0.93	0.00	0.95	0.00	0.96	0.00
	TWE	0.63	20.55	0.93	15.47	0.96	13.11	0.94	3.55

注：表中粗斜体表示五种候选理论概率分布中拟合累积降水量序列的最优理论概率分布函数；最优比率的单位是%。

2.2.2 SPI 应用的合理时间尺度

2.2.2.1 SPI 应用的时间尺度合理性分析

SPI 是通过累积降水的累积概率分布转化为标准正态分布得到的，因而判断 SPI 在某个时间尺度是否适用主要根据其是否服从标准正态分布来确定。以福州站、郑州站、吐鲁番站、拉萨站分别作为湿润区、半湿润半干旱区、干旱区及青藏高原区域的代表站，分别绘制了各站的终止日期为第 180 日（于六月末）的 10、30、90、365 日时间尺度 SPI 的正态 Q-Q 图以检验不同时间尺度 SPI 是否服从正态分布，如图 2-5 所示，若 Q-Q 图上样本点与 1∶1 参考直线重合程度较高，则计算所得的 SPI 近似服从正态分布。对于湿润区的福州站，不管是在较短的 10 日尺度 SPI 还是较长的 365 日尺度 SPI，散点与参考直线均重合程度较高，也就是说，SPI 近似于正态分布。而对于半湿润半干旱区的郑州站、干旱区的吐鲁番站以及青藏高原区域的拉萨站，在 10 日尺度下，SPI 散点与参考直线出现分离现象，尤其是在尾部，SPI 有明显的下界存在，且分布明显不对称（在 10 日尺度下，三个站 SPI 最小值在 -1 左右，最大值在 2 左右），此时 SPI 值已不符合标准正态分布，计算所得结果中大部分 SPI 指示为湿润或者非干旱状况，低估了干旱的严重程度，其对干旱的指示结果已不可靠。分析其原因在于短时间尺度下累积降水量序列中零值比例较大，以郑州代表站第 180 日的 10 日尺度、30 日尺度累积降水量序列为例，分别绘制了累积降水量序列与 SPI 计算过程中关键变量的关系（图 2-6）。从 SPI 的分布来看，10 日尺度 SPI 最小值 -0.22，最大值 2.15，未通过正态分布检验；30 日尺度 SPI 的最小、最大值分别为 -1.61、1.94，近似于标准正态分布。由于 10 日尺度累积降水量序列中零值所占比例大，与 30 日尺度相比，式(2-3)中考虑零值时累积降水量序列的累积概率 $H(x)$ 与非零降水的累积概率 $F(x)$ 在低降水量阶段产生了显著分离。$H(x)$ 决定了 SPI 的正值和负值是否对称，异常高的 $H(x)$ 会导致 t 值在 $0 < H(x) \leqslant 0.5$ 和 $0.5 < H(x) \leqslant 1.0$ 两个区间的不对称，较低的累积降水量计算所得 SPI 过大以致不能有效指示干湿程度。

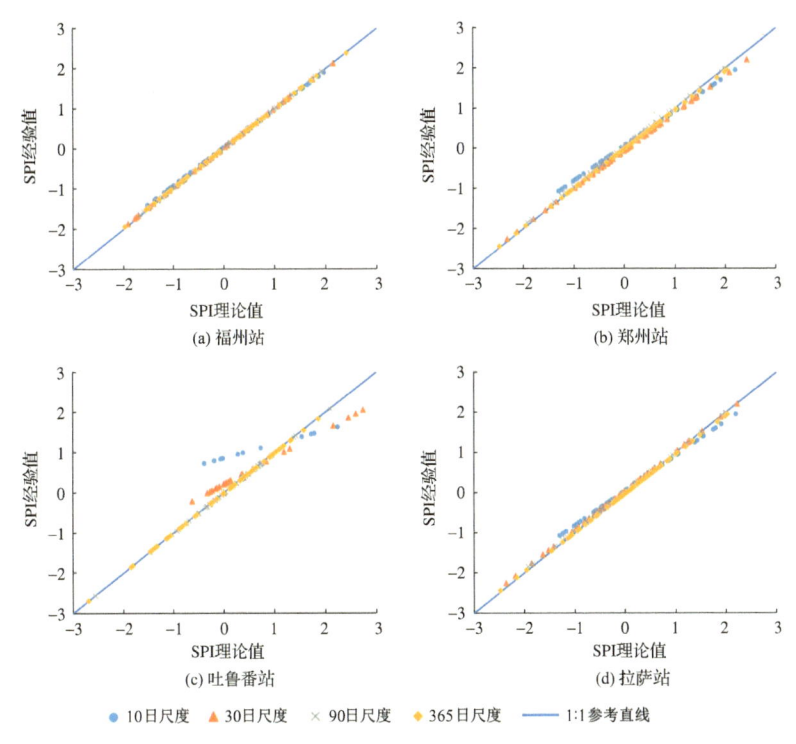

▲ 图 2-5　中国四个气候区代表站第 180 日不同时间尺度 SPI 序列 Q-Q 图

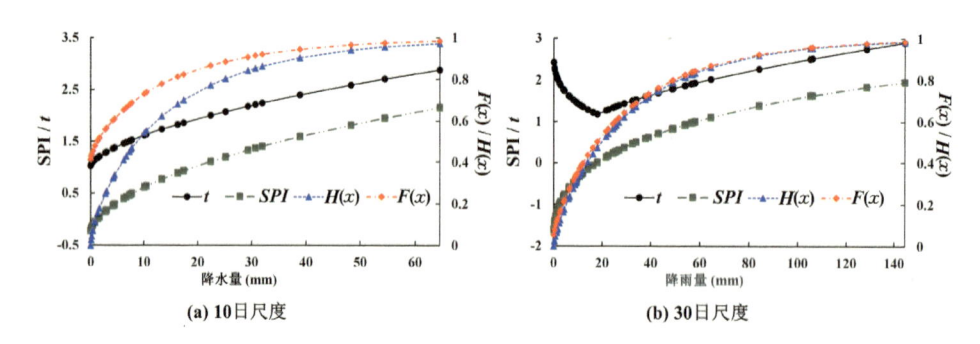

▲ 图 2-6 10日尺度、30日尺度累积降水量序列计算 SPI、t、$H(x)$、$F(x)$ 对比

进一步采用 K-S 检验对所有站点不同时间尺度的 SPI 序列是否服从标准正态分布进行检验，检验 SPI 序列是否服从标准正态分布时需要同时检验均值和标准差，因此采用两条准则判断 SPI 是否服从标准正态分布：①K-S 检验 p 变量的值大于 0.05；②SPI 序列中值的绝对值小于 0.05。两条原则均符合则可认定 SPI 序列服从标准正态分布。基于此对各气候区所有站点不同时间尺度 SPI 序列进行标准正态分布检验，若该气候区所有站点所有终止日期在给定时间尺度上遵循标准正态分布的 SPI 序列所占百分比大于 90%，则认为给定时间尺度适合该气候区 SPI 的计算。图 2-7(a)—(d)给出四个气候区所有站点在不同季节的 10、20、30、90 和 365 日尺度上 SPI 序列服从标准正态分布的百分比。总的来看，在较短的时间尺度如 20 日尺度，除湿润区外 SPI 符合标准正态分布的比例均较低，尤其是干旱区的站点；在长时间尺度如 90 日及 365 日尺度，SPI 符合标准正态分布的比例均接近于 1，只有极少量数据不符合标准正态分布。在湿润区，春季、夏季和全年的 20 日时间尺度的标准常态百分比高于 0.9，在 30 日及以上时间尺度时接近 100%。在半湿润半干旱区，30 日及以上时间尺度的情况下，所有季节 SPI 序列服从标准正态分布的百分比都高于 0.9。在青藏高原区域，除冬季外，所有季节 SPI 序列服从标准正态分布的百分比在 30 日的时间尺度上都高于 0.9，当时间尺度大于等于 90 日时，所有季节 SPI 序列服从标准正态分布的百分比均高于 0.9。在干旱区，90 日及以上时间尺度的 SPI 才具有指示干旱的意义。综上，湿润区在进行 SPI 计算时应选择 20 日及以上时间尺度，半湿润半干旱区及青藏高原区域应选择 30 日及以上时间尺度，而干旱区的

最小时间尺度应是 90 日。由于青藏高原区域所选站点位于高原相对潮湿的地区，而对于其干燥的地区 30 日尺度 SPI 可能并不可靠。考虑到 90 日这一时间尺度应用的普遍性，在评估整个中国地区的干旱时，计算 SPI 的最小时间尺度应采用 90 日（或 3 个月）尺度。

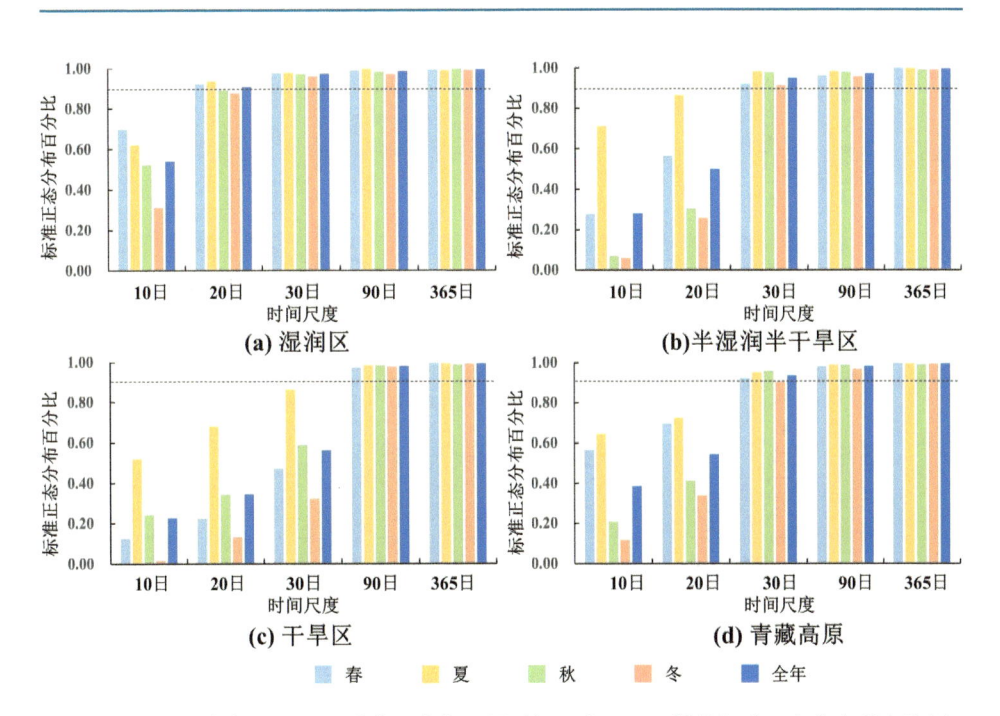

▲ 图 2-7 四个气候区不同季节及全年不同时间尺度下 SPI 服从标准正态分布所占比例

注：0.9 的虚线代表给定时间尺度是否适用的标准。

为分析时间尺度对 SPI 计算的不确定性的影响，对福州站、郑州站、拉萨站及吐鲁番站分别采用 20 日、30 日、90 日、180 日及 365 日时间尺度计算 SPI。采用 Bootstrap 方法对各气候区代表站的终止日期为第 1 日（降水偏少时期）和第 180 日（降水偏多时期）的累积降水量序列抽样 10 000 次，计算 Gamma 分布形状参数 α、尺度参数 β 以及 SPI 的置信区间宽度（CIW）、变差系数（CV），结果如表 2-5 所示。SPI 的置信区间宽度和变差系数都随着时间尺度的增加而减少，这说明 SPI 计算的不确定性随着时间尺度的增加而减少。虽然参数 α 的置信区间宽度随着时间尺度的增加而增加（累积降水量随时间尺度增加而增加），参数 β 的置信区间宽度没有明显的变化规律,但 α 和 β 的变差系数均随时间尺度的增加而减少(除了福州站和拉萨站第 1 日的累积降水量),这表明 Gamma 分布参数估计的不确定性随时间尺度的增加而减少,进一步使 SPI 计算的不确定性随着时间尺度的增加而降低。

表 2-5　四个气候区代表站不同时间尺度累积降水量序列 Gamma 分布参数 α、β 和 SPI 值的置信区间宽度及变差系数(括号内为变差系数)

站点	终止日期		时间尺度				
			20 日	30 日	90 日	180 日	365 日
福州站	第 1 日	SPI	0.54(0.17)	0.53(0.16)	0.51(0.15)	0.51(0.15)	0.52(0.14)
		α	0.58(0.17)	0.60(0.17)	1.47(0.14)	5.44(0.20)	20.02(0.22)
		β	12.91(0.17)	20.41(0.18)	16.67(0.14)	45.90(0.20)	33.17(0.17)
	第 180 日	SPI	0.60(0.20)	0.59(0.18)	0.55(0.17)	0.54(0.16)	0.53(0.16)
		α	2.38(0.28)	4.36(0.23)	12.69(0.22)	16.09(0.20)	19.80(0.19)
		β	39.17(0.26)	39.50(0.22)	20.18(0.20)	17.65(0.20)	31.68(0.17)
郑州站	第 1 日	SPI	—	0.55(0.19)	0.54(0.18)	0.54(0.17)	0.54(0.17)
		α	—	0.52(0.19)	1.69(0.19)	7.13(0.18)	11.48(0.17)
		β	—	8.08(0.19)	15.88(0.18)	22.78(0.16)	22.23(0.16)
	第 180 日	SPI	—	0.51(0.17)	0.50(0.15)	0.49(0.15)	0.49(0.14)
		α	—	0.67(0.19)	1.83(0.16)	2.83(0.16)	15.43(0.13)
		β	—	26.95(0.19)	17.29(0.17)	20.45(0.17)	17.03(0.14)
吐鲁番站	第 1 日	SPI	—	—	0.52(0.16)	0.52(0.16)	0.50(0.15)
		α	—	—	0.47(0.19)	1.08(0.18)	1.48(0.14)
		β	—	—	3.23(0.24)	2.42(0.17)	2.49(0.15)
	第 180 日	SPI	—	—	0.54(0.17)	0.50(0.15)	0.48(0.15)
		α	—	—	0.39(0.19)	0.55(0.14)	2.33(0.13)
		β	—	—	3.12(0.19)	3.86(0.19)	2.72(0.17)

(续表)

站点	终止日期		时间尺度				
			20日	30日	90日	180日	365日
拉萨站	第1日	SPI	—	0.60(0.19)	0.57(0.17)	0.53(0.16)	0.52(0.15)
		α	—	0.95(0.22)	0.90(0.22)	0.53(0.15)	14.14(0.14)
		β	—	14.06(0.24)	25.52(0.25)	16.99(0.27)	18.57(0.22)
	第180日	SPI	—	0.57(0.19)	0.55(0.17)	0.54(0.17)	0.52(0.16)
		α	—	0.16(0.41)	2.83(0.40)	4.57(0.31)	14.20(0.20)
		β	—	55.30(0.41)	32.81(0.30)	61.93(0.24)	11.71(0.18)

2.2.2.2 影响时间尺度应用的原因

SPI 必须满足标准正态分布的前提才具有指示干旱的意义。Wu 等（2005）在美国西部应用 SPI 时发现，由于累积降水量序列中大量零值样本的存在，短时间尺度 SPI 出现明显的下界，导致 SPI 不符合标准正态分布。也有其他研究指出，累积降水量序列中零值过多导致 SPI 在零降水处出现截断分布，使 SPI 不服从标准正态分布（Stagge et al.，2015；Blain et al.，2018）。图 2-8 显示了中国四个气候区所有站点不同时间尺度累积降水量序列中的零值比例（P_0）。图中显示，受我国季风气候的影响，四个气候区春、冬季累积降水量序列零值比例多于夏、秋季。湿润区 20 日时间尺度累积降水量序列、半湿润半干旱区以及青藏高原区域 30 日时间尺度累积降水量序列的 P_0 大多小于 20%，干旱区 90 日时间尺度累积降水量序列在不同季节的 P_0 均小于 10%。由此可见，累积降水量序列中零值比例受时间尺度影响。

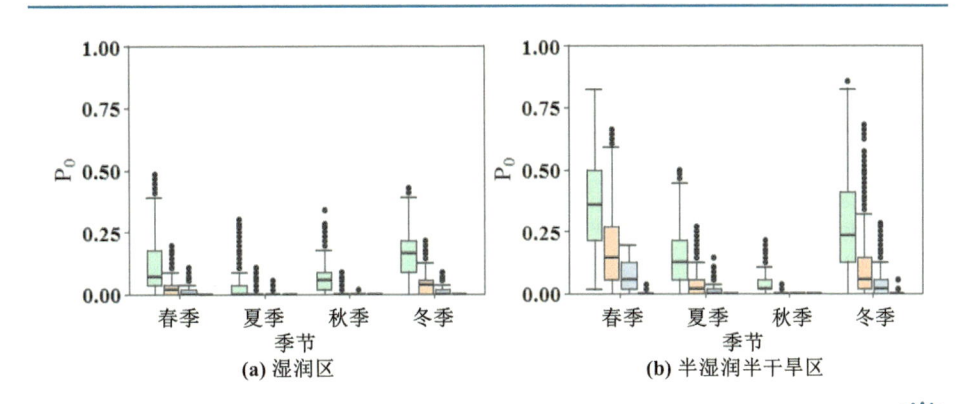

(a) 湿润区

(b) 半湿润半干旱区

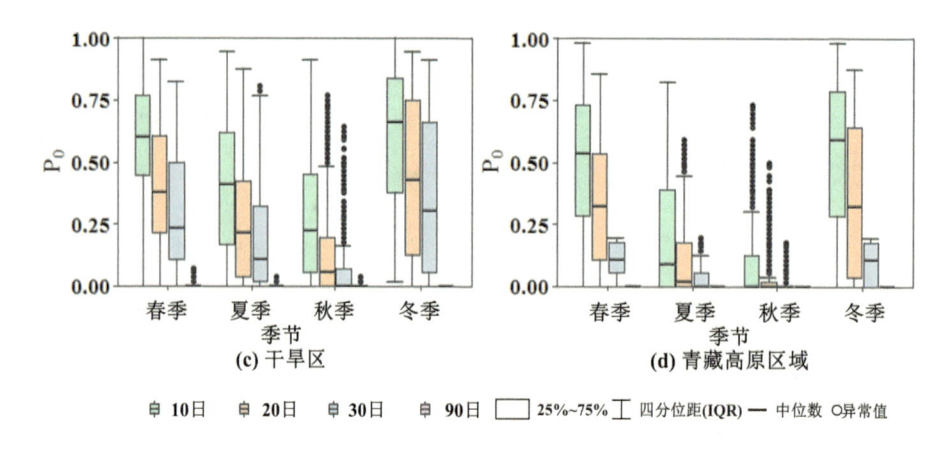

▲ 图 2-8　各气候区四季不同时间尺度累积降水量序列零值比例

虽然 Stagge 等(2015)提出了一种基于零值分布质心的处理零值方法,但其最小 SPI 值仍然受到序列中零值比例的限制,SPI 计算结果并没有遵循标准正态分布。Blain 等(2018)也指出,当序列中零值比例接近 0.5 时,计算的 SPI 值可能将干旱期错误指示为非干旱期或指示干旱的严重程度低于实际严重程度。以往研究对序列中零值比例达到多少的时候认为 SPI 不符合标准正态分布并没有定量的结论,对此,可以通过一组模拟实验定量分析序列中零值比例与序列的 SPI 是否符合标准正态分布的关系,步骤如下：取不同气候区代表站第 1 日、第 180 日的 30 日时间尺度累积降水量序列,拟合各自的 Gamma 分布参数,根据参数采用 Monte Carlo 方法模拟生成 10 000 组长度为 L(L = 30、40、50、60、70、80、90、100)的序列,然后对长度不同的序列分别将末尾的 1~L/2 个数值替换为 0,计算所有含 0 值序列的 SPI,采用 K-S 检验法检验序列 SPI 是否服从标准正态分布并统计不同长度序列零值比例与服从标准正态分布的关系。结果发现,虽然有不同的参数组合,但是零值比例与符合标准正态分布呈现一致的阶段规律：当零值比例小于某一值(阈值)时,模拟序列均符合标准正态分布；当大于等于某一值时,模拟序列通过 K-S 检验的比例为 0。不同长度序列的阈值零值比例如图 2-9 所示。对于本研究 57 年(1960—2016 年)的累积降水量序列,为使计算的 SPI 服从标准正态分布,序列中零值比例不应大于 0.17,也就是说,最多可以包含 10 个零值。对比图 2-8 可以看出,湿润区的累积降水量序列时间尺度为 20 日、半湿润半干旱区和青藏高原 30 日、干旱区时间尺度为 90 日时基本符合这一阈值。

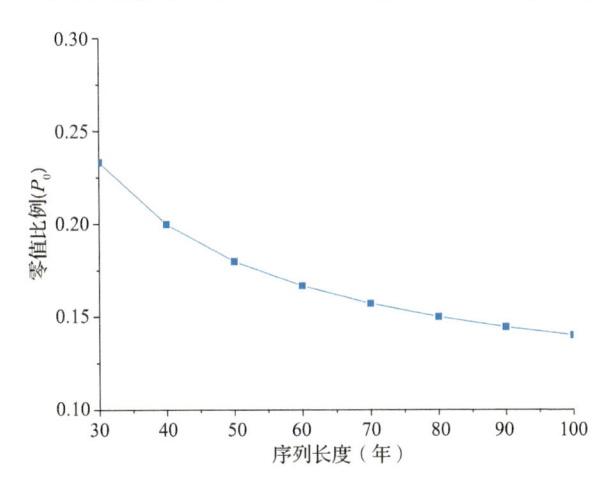

▲ 图 2-9　不同长度序列零值比例(P_0)与 SPI 服从标准正态分布比例的关系

出现图 2-9 中这种阶段分布的原因在于 SPI 计算过程对零值的处理,这种处理是将零值所占比例与非零样本的累积概率相结合,修正为式(2-3),最终将 $H(x)$ 等概率转化为相应累积概率的标准正态分布分位数,即为 SPI 值。在这样的处理下,序列中所有 0 降水量对应的 SPI 值相同且同为序列的最小值。假设序列长度为 N 的序列 $X=(x_1,x_2,\cdots,x_n,x_{n+1},\cdots,x_N)$ 有 n 个零值,其中 $x_1=x_2=\cdots=x_n=0$,$x_{n+1}<\cdots<x_N$,对应的 $SPI_1=SPI_2=\cdots=SPI_n<SPI_{n+1}<\cdots<SPI_N$,则有 $P(SPI_n)=0$,当序列中零值较多时,K-S 检验的统计量 D(SPI 经验概率分布与理论概率分布的最大差值)在 SPI_{n+1} 处取得。以长度序列为 30 年时零值个数分别为 7 个和 8 个(零值比例分别为 0.233、0.267,0.233 为阈值比例)为例,SPI 的经验概率分布 $F_1(x)$、$F_2(x)$ 与理论概率分布 $G(x)$ 的差异如图 2-10 所示,D 为 K-S 检验的统计量,是经验概率分布 $F(x)$ 与理论概率分布 $G(x)$ 的最大差值。由于序列中零值的存在,$F_1(x)$、$F_2(x)$ 与 $G(x)$ 发生分离,随着零值比例增大,D 也随之增大,零值比例大于阈值时,$D>D(0.05,30)$(长度序列为 30 年时,显著性水平 0.05 的拒绝临界值),拒绝 $F(x)$ 服从标准正态分布的假设。阈值比例与统计量 D 的拒绝临界值有关,在显著性水平为 0.05 时不同长度序列 n 的拒绝临界值为 $1.36/\text{sqrt}(n)$,D 的拒绝临界值随长度序列增长而减小,因此阈值比例也随之减小。

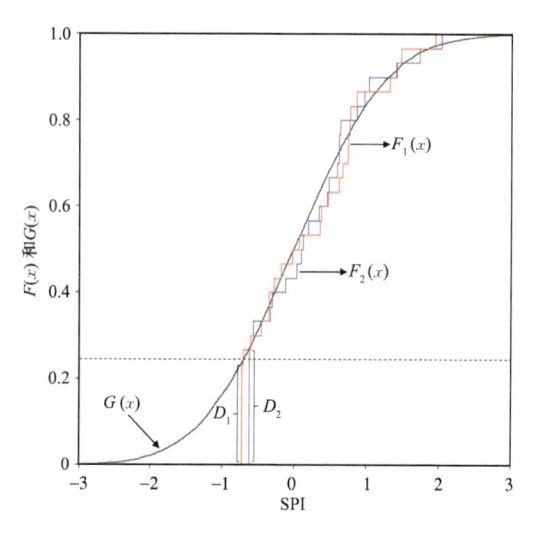

▲ 图 2-10　长度序列为 30 年时含不同零值 SPI 的经验概率分布 $F_1(x)$、$F_2(x)$ 与理论概率分布 $G(x)$ 对比

注：$F_1(x)$、$F_2(x)$ 分别为含 7、8 个零值的经验概率分布；D_1、D_2 为 K-S 检验的统计量；黑色虚线为长度序列为 30 年时，显著性水平为 0.05 时 K-S 检验的拒绝临界值。

2.2.3　SPI 计算的最优序列长度

SPI 计算的核心是 Gamma 分布的参数估计，当概率分布参数不同时，SPI 存在显著差异。而参数估计的准确性与数据序列长度有很大关系，通常要求采用长度为 30 年以上的降水是序列计算 SPI，但并不是所用长度序列越长，SPI 的计算结果就越可靠，比如越长的时间序列存在变化趋势的可能性将会加大。Guttman 等（1994）提出为保证采用线性矩法进行 Gamma 分布参数估计时的可靠性，进行 SPI 计算的序列长度应该为 40~60 年，而为了保证极值部分（尾部）估计的可靠性则需要 70~80 年；Carbone 等（2018）发现在 SPI 计算过程中随长度序列增长参数估计的稳定性呈非线性提高，而当长度序列大于 60 年，参数 α 及 β 几乎不变；Cancelliere 等（2009）指出当长度序列超过 60 年时，降水量序列出现趋势的可能性增大，SPI 计算结果的不确定性相应增大。由于中国气象站网空间分布相对不均且观测年限较短，所用降水样本对降水总体特征的代表性可能存在偏差，使得基于降水样本推算出来的总体概率分布参数（对本研究来讲为 Gamma 分布参数)存在较大的不确定性,进而影响 SPI 计算结果的可靠性。

以四个气候区代表站为例,根据上文确定的最小时间尺度,选取终止日期为第 180 日的累积降水量序列,采用极大似然法拟合得到四个气候区的各一组 Gamma 分布参数,进而以此为基础采用 Monte Carlo 方法,模拟 10 000 组长度为 100 的序列,对各组序列分别估算样本数 $n=30 \sim 100$ 时的 Gamma 分布形状参数 α 及尺度参数 β,获得 α 及 β 在 90% 置信水平下的置信区间;然后以 $n=30$ 计算所得的置信区间为基准,计算不同序列长度下的参数置信区间宽度相对于该基准值的变化情况,结果如图 2-11 所示。从图中可以看出,总体而言,随着序列长度的增加,参数 α 及 β 的置信区间宽度均不断减小,即不确定性降低;参数 β 的变化幅度相较于参数 α 更平稳,这表明序列长度对参数 α 的影响要大于对参数 β 的影响;随着长度序列的增加,不确定性降低速率不断减小,当序列长度达到 70~80 年时,参数 α 及 β 置信区间相对宽度基本不变;但是参数估计的不确定性是一直存在的,即使对于长度为 100 的降水量序列,置信区间宽度也不会变为 0,参数估计的不确定性并不能完全消除。

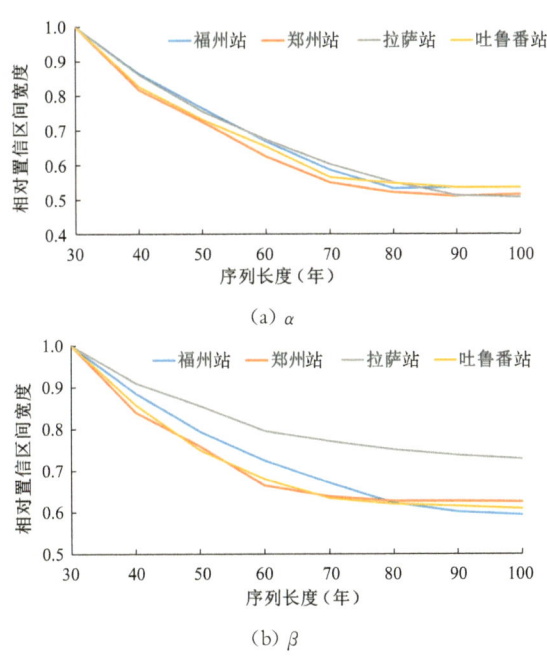

▲ 图 2-11 各气候区代表站不同序列长度下累积降水量序列的 Gamma 分布形状参数 α 及尺度参数 β 置信区间(90% 置信水平)相对宽度变化

进一步采用变差系数 CV 对不同序列长度下的参数 α 及 β 估计值的不确定性进行评估,结果如图 2-12 所示。对于相同的时间序列长度,α 与 β 的 CV 值比较接近,但 β 的 CV 值略大于 α,因此,尺度参数 β 的不确定性比形状参数 α 略高;α 及 β 的变差系数均随时间序列长度的增大而减小,并且,与 α、β 置信区间宽度随序列长度的变化特性相似,当时间序列长度达到 70~80 年时,α 及 β 的 CV 变化基本稳定。因此,从控制样本量的大小,又尽量减小参数估计不确定性的角度,SPI 计算的适宜序列长度为 70~80 年。

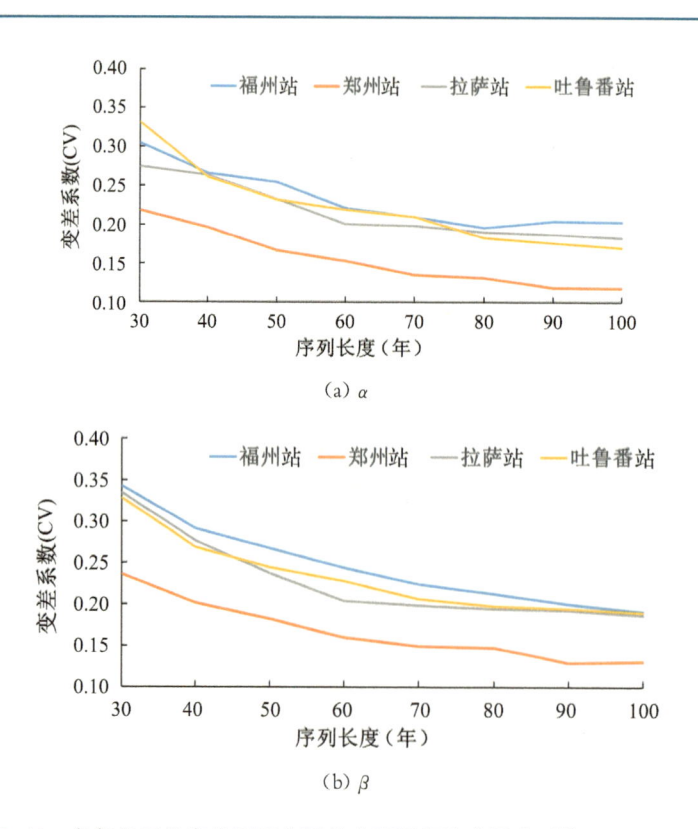

▲ 图 2-12　各气候区代表站不同序列长度下累积降水量序列的 Gamma 分布形状参数 α 及尺度参数 β 变差系数变化

以福州站为例,分别以 $n=30$ 和 $n=100$ 长度序列估计的 Gamma 分布参数计算序列的 SPI,两者重合部分的概率密度函数及 SPI 值的差异如图 2-13 所示。从图中可以看出,序列长度对 SPI 计算的影响是不可忽略的,相较于 $n=100$ 的序列,长度序列为 30 计算所得的 SPI 往往偏大,基于长度序列为 30 与 100 计算所得 SPI 的差异接近甚至超过了 0.5,即超过了不同干旱等级划分界限的差值,这表明在此状况下对旱情的评估可能出现错误判定干旱等级的情况,因而基于序列长度为 30 年估计分布参数计算 SPI 是极不稳定的,需要进一步探讨不同序列长度下 SPI 计算的不确定性对干旱评估的影响。

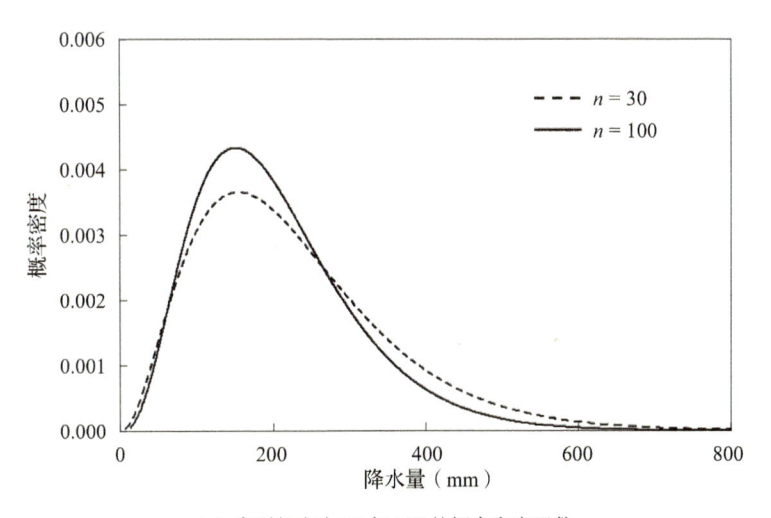

(a) 序列长度为 30 与 100 的概率密度函数

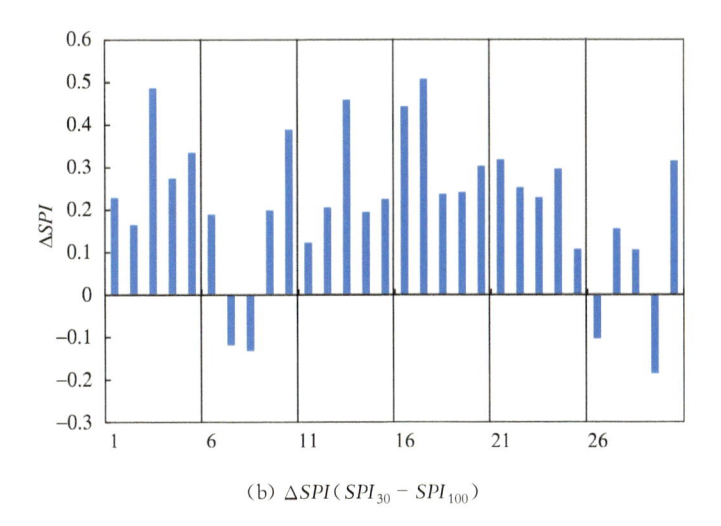

(b) $\Delta SPI(SPI_{30} - SPI_{100})$

▲ 图 2-13　不同序列长度累积降水量序列计算所得的概率密度函数及 SPI 对比

2.3 SPI 计算的不确定性对气象干旱评估的影响

2.3.1 SPI 计算的不确定性对气象干旱等级评估的影响

SPI 的计算存在一定的不确定性,影响 SPI 的计算结果,从而对气象干旱评估造成影响,在采用 SPI 评估气象干旱时,应充分考虑 SPI 计算的不确定性,以提高气象干旱评估结果的准确性。本研究以福州站第 180 日的 30 日时间尺度累积降水量序列 Gamma 分布参数(α 为 4.47,β 为 49.05)为例阐明 SPI 计算的不确定性,做法如下:首先基于 Gamma 分布参数(α = 4.47,β = 49.05)模拟 5 000 组长度 n 为 30 的降水量序列,以此作为原始降水量序列并计算原始降水量序列的 SPI(SPI_O);其次对每一组原始降水量序列采用 Bootstrap 方法抽样 1 000 次,获得 SPI_O 对应的 90% 置信区间宽度(CIW),点画 SPI_O 与对应置信区间宽度的关系。基于此步骤可给出长度 n 为 60 和 90 时 SPI_O 与对应置信区间宽度的关系,如图 2-14 所示。对比图 2-14(a)(b)(c)可看出,随序列长度的增加,置信区间宽度明显降低,这表明 SPI 的不确定性随序列长度增加而减小,与上文结论一致。SPI 与置信区间宽度呈现非线性的关系,呈近似抛物线形态:当 SPI_O 接近 0 时,置信区间宽度最小,SPI 的不确定性也最小;当 SPI_O 逐渐远离 0 时,时,SPI 值的置信区间宽度逐渐增大,计算的不确定性也增大;相较于降水相对正常的状况(SPI 理论值在 -1 到 1 之间),极端干旱/极端湿润状况(SPI 的绝对值大于 2)下的置信区间宽度要大得多,这表明了 SPI 计算的不确定性对极端降水事件评估的影响最大,其显示的旱涝等级越大,不确定性也就越大,换句话说,累积降水量的异常值越小/大,SPI 计算结果的可靠性越低。

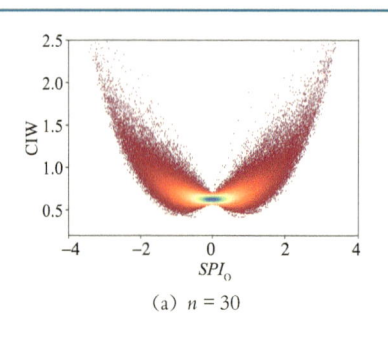

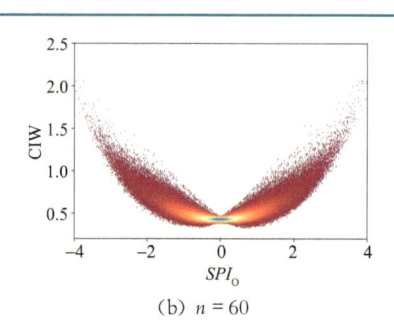

(a) n = 30

(b) n = 60

(c) $n = 90$

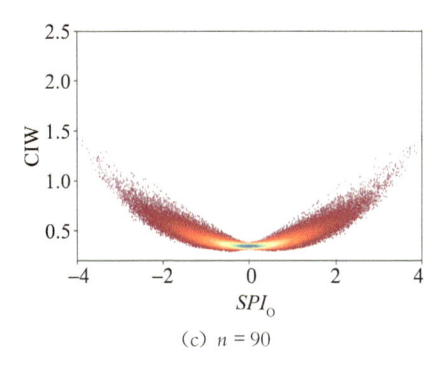

▲ 图 2-14　不同序列长度($n=30、60、90$)下原始降水量序列的 SPI_O 与 Bootstrap 方法获得 SPI 的 90％置信区间宽度(CIW)关系

由图 2-14 可看出,在干旱状况下($SPI<-1$),SPI 的置信区间宽度较大,因而在气象干旱等级评估中 SPI 计算的不确定性可能导致干旱事件被错误判定归类,如将极端干旱低估为严重干旱或将严重干旱高估为极端干旱,从而低估/高估干旱事件的严重程度。

进一步针对中等干旱、严重干旱和极端干旱,对 SPI 计算的不确定性导致错误判定干旱等级的概率进行分析。根据表 2-2 的干旱等级划分标准,对上文模拟的所有组原始降水量序列 SPI(SPI_O)以及原始降水量序列的 Bootstrap 样本计算的 SPI(SPI_B)的干旱等级进行判定,将 SPI_O 指示的干旱等级作为参考的真实等级,对 SPI_B 指示的干旱等级进行分类统计,举例来说,当 SPI_O 指示为中等干旱时,由于 SPI 计算的不确定性,Bootstrap 样本计算的 SPI_B 可能指示为无旱、中等干旱或严重干旱,对所有抽样样本中这三种情况所占比例进行统计,结果如图 2-15 所示,可以看出,在 SPI_O 指示为中等干旱时,SPI_B 存在指示为无旱、中等干旱或严重干旱的可能性。在所有模拟中,对于序列长度为 30、60、90 的,无旱被高估为中等干旱的比例分别为 2.8％、1.9％和 1.5％;也有相当高比例的中等干旱被低估为无旱,在序列长度为 30、60、90 的模拟中分别占 18.9％、14.2％和 11.7％;极端干旱被低估为严重干旱的比例分别为 21.5％、13.8％和 11.6％。虽然在极端干旱状况下具有较大的不确定性导致低估气象干旱的严重程度,但是这种低估是有限的,不会将极端干旱跨等级判定为中等干旱,并且错误判定干旱等级的比例随长度序列的增加而逐渐降低。

(a) $n=30$

(b) $n=60$

(c) $n=90$

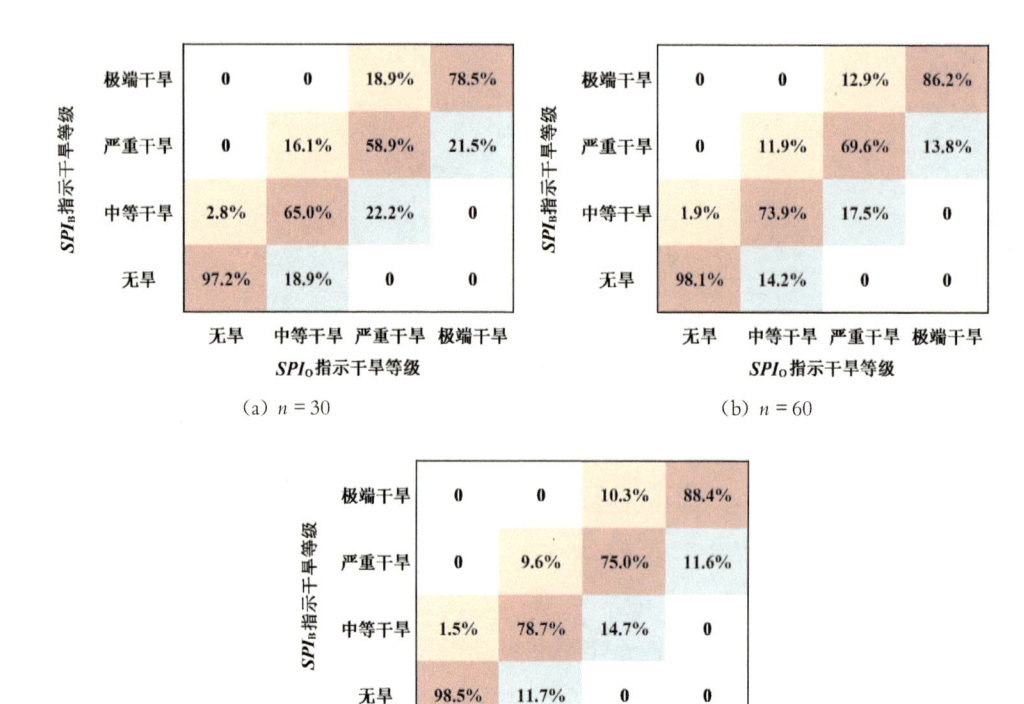

▲ 图 2-15 序列长度 $n=30$、60、90 时 Bootstrap 抽样样本计算所得 SPI(SPI_B)与原始序列 SPI(SPI_O)指示气象干旱等级对比

根据以上分析结果和干旱等级划分标准(表 2-2),基于条件概率定量分析当应用 SPI 评估干旱等级时,由于 SPI 计算的不确定性对干旱等级正确估计、低估以及高估的概率。假设 A 等级是无旱,B 等级是严重于 A 等级的干旱(即中等干旱),在所有模拟中指示为 A 等级的 Bootstrap 样本,既有正确估计干旱等级的样本,也有由于 SPI 计算不确定性将 B 等级干旱低估为 A 等级的样本,则所有模拟中正确估计 A 等级干旱的概率($P_{correct}$)可计算为:

$$P_{correct}=P_A\times P_{A|A}/(P_A\times P_{A|A}+P_B\times P_{A|B}) \qquad (2-9)$$

式中，P_A 和 P_B 分别为 A 等级和 B 等级干旱的理论发生概率（表 2-2 中干旱等级的理论概率），$P_{A|A}$ 为所有模拟中正确估计 A 等级干旱的概率，$P_{A|B}$ 为识别出的 B 等级干旱中低估为 A 等级的概率。

所有模拟中低估 A 等级干旱的概率（P_{under}）可计算为：

$$P_{under} = P_B \times P_{A|B} / (P_A \times P_{A|A} + P_B \times P_{A|B}) \qquad (2-10)$$

基于同样的方式，假设 A 等级是极端干旱时，可计算 A 等级干旱中高估的概率 P_{over}。对于 A 等级是中等干旱或者严重干旱的情况，在所有模拟中指示为 A 等级的 Bootstrap 样本，除正确估计干旱等级的样本以及将 B 等级干旱低估为 A 等级的样本外，还有将 C 等级干旱高估为 A 等级的样本，则正确估计 A 等级干旱的概率（$P_{correct}$）可计算为：

$$P_{correct} = P_A \times P_{A|A} / (P_A \times P_{A|A} + P_B \times P_{A|B} + P_C \times P_{A|C}) \qquad (2-11)$$

表 2-6 给出了不同序列长度下正确估计、低估、高估不同干旱等级的概率。表中显示，当序列长度为 30 年时，计算所得 SPI 指示为极端干旱符合真实的概率仅为 68.5%，这是由于 SPI 计算的不确定性对干旱等级的误判率相对较高；当长度序列为 90 年时，计算所得 SPI 指示为极端干旱的可信度相对较高，为 81.8%；对中等干旱和严重干旱均有一定高估和低估的概率，且高估概率高于低估概率，这种情况是由于计算中所乘不同干旱等级理论发生概率的区别引起的。

表 2-6　不同长度序列下正确估计、低估、高估不同干旱等级的概率

干旱等级	30 年			60 年			90 年		
	P_{over}	$P_{correct}$	P_{under}	P_{over}	$P_{correct}$	P_{under}	P_{over}	$P_{correct}$	P_{under}
极端干旱	0.315	0.685	—	0.223	0.777	—	0.182	0.818	—
严重干旱	0.324	0.568	0.108	0.245	0.684	0.071	0.198	0.742	0.060
中等干旱	0.253	0.642	0.105	0.174	0.742	0.084	0.138	0.791	0.071
无旱	—	0.979	0.021	—	0.984	0.016	—	0.987	0.013

2.3.2　基准期 SPI 计算的不确定性对气象干旱评估的影响

气候变化背景下，对未来气候变化的评估多基于不同的气候情景下的气候

模式，模拟水文气象变量，基于气候基准期分析未来降水、径流、干旱情势等的变化。对于任一气候情景，都必须采用一个基准期用于计算气候变化。根据联合国政府间气候变化专门委员会（IPCC）第四次综合评估报告（IPCC，2007），1961—1990 年常被选为基准期，而 IPCC 第五次综合评估报告（IPCC，2014）中则采用了 1986—2005 年作为基准期。也有研究选择其他的基准期进行研究，如 Burke 等（2010）研究英国未来干旱情势时以 1951—2001 年为气候基准期，分析 2049—2099 年的干旱情势变化；Jung 等（2012）采用 1960—1989 年作为基准期分析气候变化对美国 Willamette 河流域干旱空间分布的影响。基准期的选取具有极大的不确定性，可能会对未来气候变化情景下的干旱评估产生一定的影响，如 Sheffield 等（2012）和 Dai（2013）分别以 1950—2008 年、1950—1979 年作为基准期评估气候变化下的干旱变化规律，基准期干旱特征的不同导致未来情景下的干旱评估结果存在一定差异。

以福州站第 180 日的 30 日时间尺度累积降水 Gamma 分布参数（$\alpha = 4.47$，$\beta = 49.05$），分析未来 200 年气候背景下评估的不确定性，过程如下：从总体中模拟生成 10 000 组长度序列为 30 年的样本和一组长度序列为 200 年的样本，计算每组长度为 30 样本的 Gamma 分布参数 α 及 β，根据 α 及 β 计算长度为 200 样本对应的 SPI，并依据表 2-2 中的干旱等级划分统计每组样本极端干旱、严重干旱、中等干旱次数，结果如图 2-16 所示。根据标准正态分布的累积概率，理论上

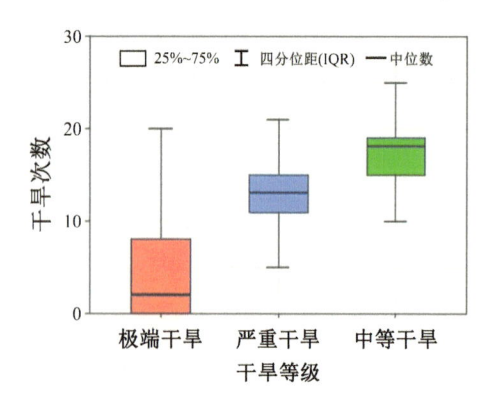

▲ 图 2-16　基于序列长度为 30 年的基准期计算序列长度为 200 年的 SPI 指示极端干旱、严重干旱、中等干旱次数对比

第二章 不同气候区气象干旱指数计算的不确定性分析

长度序列为 200 年时,计算所得 SPI 指示的极端干旱、严重干旱、中等干旱次数应为 4.6、8.8、18.4 次,但基于不同的基准期,评估所得的未来情况有很大差异:极端干旱次数的变化范围最大,在 0 到 20 次之间,变化范围是理论次数的 5 倍,严重干旱次数在 5～21 次范围内波动,中等干旱次数则在 10～26 次。由此可见,基准期样本的不确定性给对未来气候情景的干旱评估带来极大的不确定性,这种不确定性不能被忽略,尤其对于极端干旱。

基准期样本的不确定性实质是两个方面:一是样本对总体的代表性,二是参数估计的不确定性。参数估计的不确定性在前文 2.2.3 节已分析,在此分析样本对总体代表性的影响。对模拟的 10 000 组序列长度为 30 年的样本分别计算均值和标准差,样本均值和标准差如图 2-17 所示。理论上来说,对于 α 为 4.47 和 β 为 49.05 的 Gamma 分布,均值应为 $\alpha \times \beta = 219.3$,标准差应为 sqrt($\alpha \times \beta^2$)=103.7,但从图 2-17 可看出,模拟的样本序列均值、标准差均存在较大的变化范围:模拟样本序列的均值从 152.5 到 289.6 不等,标准差从 49.4 到 190 不等,虽然模拟样本都来自同一总体,但样本对总体的代表性存在一定的偏差。样本代表性的影响体现在由于基准期降水样本对总体的代表性存在偏差,在对降水量序列服从的理论概率分布进行参数估计的过程中,不可避免地存在由于抽样引起的不确定性,进而导致对未来气象干旱的评估结果存在不确定性,这也从侧面反映出在进行未来气候变化评估时,采用 30 年的基准期很难反映当地的气候常态,因此选择基准期需要慎重。

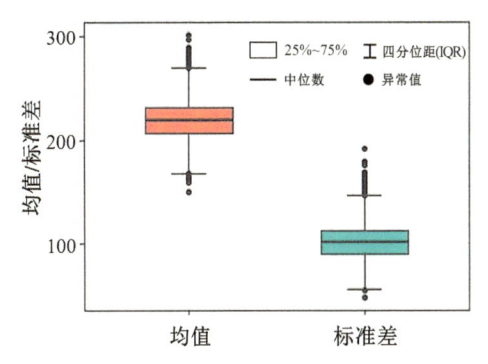

▲ 图 2-17 基于 $\alpha=4.47$ 和 $\beta=49.05$ 的 Gamma 分布模拟 10 000 组序列长度为 30 年的均值和标准差

2.4 降水量序列非一致性对气象干旱评估的影响

SPI 计算结果的合理性高度依赖于频率计算,序列长度对参数估计和 SPI 计算均有较大影响。在 2.2.3 节中分析得出,从控制样本量和减小参数估计不确定性的角度,SPI 计算的适宜长度序列为 70~80 年,这与 Guttman 等(1994)的结果一致,为保证参数估计在尾部的稳定性,基于 70~80 年长度序列计算 SPI 是最优的选择。但是 Degaetano 等(2015)和 Carbone 等(2018)的研究认为,60~70 年的长度序列已足以获得稳定的参数和 SPI。SPI 计算过程默认累积降水量序列满足一致性假设,即统计参数稳定,但由于气候变化和人类活动的共同影响,许多观测都证实了在超过 30 年的降水时间长度序列中存在趋势或突变的现象(即非一致性)。在进行未来气候情景下的干旱评估时,降水量序列的非一致性也是必须面对的挑战和问题。非一致性降水量序列的均值、方差等统计参数具有时变性,理论概率分布函数与一致性降水量序列的分布函数也会存在较大差异。基于一致性假设计算所得的 SPI 的可靠性降低,干旱评估的结果也将受到质疑,例如,当降水量序列呈明显的增加趋势时,采用传统的 SPI 计算方法将会导致 SPI 计算结果也呈明显的增加趋势,使得"干更干、湿更湿",无法有效捕捉干旱事件,如何评估非一致性下的干旱问题已成为干旱研究领域的重点和难点。

对于非一致性序列,传统的频率计算方法已不再适用,这也使得很多学者探索非一致性分析方法计算 SPI 以评估变化环境下的气象干旱。目前研究主要通过三类方法计算非一致性降水量序列的时变 SPI:一是基于统计分析方法计算 SPI,如 Türke 和 Tatlı(2009)通过当地时间均值(Local-time Mean)修正实测降水量序列,以此估计分布函数参数得到时变的 SPI;二是基于变化环境下降水量序列随时间的线性变化或非线性变化趋势调整降水分布函数的参数;三是建立降水量序列概率分布参数与气候指数、土地利用变化等驱动因子的简单线性关系或广义可加模型(GAMLSS)调整分布函数的参数来计算 SPI。其中,前两种方法是以统计为基础,第三种方法是以成因为基础。干旱是与"正常值"相比的相对缺水现象,干旱特征(如历时、严重程度)随时间的变化趋势是干旱评估中的重要问题。但是，非一致性 SPI 中的"正常值"随时间改变，可能远远偏离气候常态，利用非一致性 SPI 与一致性 SPI 评估干旱的结果可能互相矛盾，例如，Park 等（2009）的研究表明，在评估韩国两场极端干旱事件时，非一致性 SPI 较一致性 SPI 低估了干旱的严重程度；Shiau（2020）在应用 SPI 评估台北气象干旱时发现，由于过去四十年来台北降水趋势明显增加，利用一致性 SPI 的评估结果显示的干旱频率和干旱严重程度均低于非一致性 SPI。基于非一致性 SPI 可能导致捕捉干旱时间变异性和影响监测极端大旱事件的能力，如 2012—2014 年加利福尼亚州的干旱（Griffin et al.，2014）和 2010—2018 年智利中部的特大干旱（Garreaud et al.，2020）。既要能捕捉干旱特征的非一致性，又不偏离其长期变化规律，是非一致性干旱评估的挑战。

在进行未来气候情景下的干旱评估时，降水量序列的非一致性也是必须面对的挑战和问题。目前常用的基于标准化降水指数评估未来干旱的方法有三种：一是以基准期和未来模拟时段的全序列数据作为标准化降水指数的输入计算 SPI；二是以未来模拟时段降水量序列作为输入计算非一致性 SPI；三是以基准期降水量序列拟合的概率分布参数计算未来模拟时段的 SPI，或是以基准期降水的累积概率作为参照确定未来模拟时段降水的累积概率进而计算未来模拟时段的 SPI。这三种方法各有优缺点。第一种方法将理论概率分布直接移用至长期非一致性降水量序列，计算简便但缺点在于忽略了降水量序列的非一致性特征。已有研究表明借助时间或气候因子作为协变量的非一致性模型的拟合效果明显优于传统的一致性分布，第二种方法可以较好地解决降水量序列分布非一致的问题，但也可能导致评估结果偏离干旱特征的长期变化规律。第三种方法是目前评估未来气象干旱最常用的方法。SPI 是相对的，衡量的是某一特定时期的降水相对于"正常值"的盈亏状况，但对于哪个时期的降水属于"正常值"并没有达成共识，前文分析已表明基准期的选择给未来气象干旱评估带来了很大的不确定性。此外，气候常态是时变的，例如，2017 年世界气象组织将标准气候常态定义为时段为 30 年且终止为以 0 结尾的年份（如 1981—2010 年、1991—2020 年等），选择的基准期与未来气候常态可能存在显著差异，用偏离未来气候常态的基准期评估未来干旱变化趋势是否合理是不明确的，如何有效评估气候变化背景下的干旱问题需要进一步研究。

2.5　小结

本章基于站点实测降水数据系统厘清了 SPI 在中国不同气候区的适用性和不确定性,针对 SPI 在拟合累积降水量序列的理论概率分布、应用的最短时间尺度、样本序列长度等方面应用的相关争议和问题,基于中国四个气候区(湿润区、半湿润半干旱区、干旱区及青藏高原区域)气象站点长时序降水数据,采用非参数 Bootstrap 方法和 Monte Carlo 模拟方法,从概率分布、时间尺度、序列长度、基准期选择等方面明确了 SPI 在中国四个气候区的适用性和不确定性,同时定量反映 SPI 计算不确定性对气象干旱评估的影响。本章得出的主要结论如下:

(1) 选用五种常用的理论概率分布作为拟合中国四个气候区不同时间尺度累积降水量序列的候选概率分布,基于 K-S 检验和 AIC 准则的累计降水量序列拟合优度检验结果显示,在中国不同气候区,Gamma 分布对不同时间尺度累积降水量序列拟合总体效果优于 Weibull 分布、广义极值分布、皮尔逊Ⅲ型分布和 Tweedie 分布。

(2) 在中国不同气候区 SPI 适用的时间尺度不同,在进行干旱分析时湿润区应选择 20 日及以上时间尺度,半湿润半干旱区及青藏高原区域应选择 30 日及以上时间尺度,而干旱区应用的最小时间尺度应是 90 日尺度。影响 SPI 时间尺度适用性的原因主要是累积降水量序列中的零值所占比例,序列中过多零值导致 SPI 不服从标准正态分布而不具备指示干旱的作用。时间尺度越长,累积降水量序列中零值所占比例越小,对于本研究 57 年的累积降水量序列,为使计算的 SPI 服从标准正态分布,序列中零值比例不应大于 0.17。

(3) SPI 计算的不确定性受序列长度及时间尺度影响。时间尺度增长,SPI 的不确定性随之减小;序列长度则相反,随着序列长度的增长,Gamma 分布的形状参数 α 及尺度参数 β 的置信区间相对宽度均减小,不确定性降低。置信区间宽度减小的幅度随时间序列增长而趋于平缓,当时间序列长度达到 70～80 年时,置信区间宽度变化幅度极小,因而从降低不确定性的角度,SPI 计算的时间序列长度应该为 70～80 年。

(4) 随着 SPI 绝对值增大,SPI 计算的不确定性逐渐增大,对于累积降水拟合理论概率分布的尾部,SPI 计算的不确定性更大,但这种不确定性随长度序列的增加而减小。从干旱等级评估中看,SPI 计算的不确定性对极端干旱评估的影响最大,虽然在极端情况下具有较大的不确定性导致低估气象干旱的严重程度,但是这种低估是有限的,不会将其判定为中等干旱。

(5)基准期的选取具有极大的不确定性,对未来气候情景的干旱评估也将带来极大的不确定性,这种不确定性不能忽略,尤其对于极端干旱。基准期样本不确定性的实质是两个方面:一是样本对总体的代表性存在偏差,二是参数估计的不确定性。在评估未来情景下的气象干旱变化时,应谨慎选择基准期,避免其与未来气候常态相差过大,影响干旱评估结果的合理性。

第三章

基于观测的气象—水文干旱传递特性分析

干旱传递是气象干旱信号通过流域下垫面在水文循环中传递，导致农业干旱发生进而引发水文干旱（径流、地下水位衰减等）的过程。水文干旱作为气象干旱在流域水文循环中的最终传递类型，形成机制复杂，与流域水文循环的每一环节息息相关，其形成与发展受到气候条件、流域地理特征以及人类活动（水利工程调节及取、用水等）的共同影响。目前对干旱传递过程的研究多集中在通过建立气象干旱与水文干旱特征间的关系反映不同干旱类型的转变过程，以及通过皮尔逊相关系数或小波分析水文干旱对气象干旱的响应关系定量反映传递的时滞效应等，但对于整体的传递过程缺乏定量分析，例如，何种条件下气象干旱不会引发水文干旱、在无气象干旱的情况下何种条件会引发水文干旱以及气象干旱与水文干旱特征间存在怎样的放大/衰减关系等。除此之外，地下水干旱作为水文干旱的重要组成部分，其重要性日益凸显，地下水作为下垫面的关键变量在传递过程中具有重要作用，但现有研究缺乏对气象—径流—地下水干旱的系统性认识，亟须一套传递特性分析框架深入揭示干旱传递过程，科学掌握干旱发生发展的变化规律，为科学合理分配水资源以及制定科学防灾减灾策略提供支持。

本章提出一套包括干旱特征提取、传递关系判别以及定量分析的干旱传递特性量化分析框架，系统分析气象干旱向水文干旱的传递特性。首先通过水文站实测数据计算气象及水文干旱指数，进而通过干旱识别获取干旱历时、严重程度、发展/恢复等特征；然后，分析气象干旱与径流表征的水文干旱的成因联系以区分不同传递类型，定量分析气象干旱向水文干旱的传递概率、传递阈值以及传递过程的延长、水分亏缺变化等特征，选取合理的方法定量揭示水文干旱对气象干旱响应的时滞效应；最后，分析地下水埋深表征的地下水干旱特征，探讨气象—径流—地下水干旱的关联性。

3.1 研究区及数据概述

3.1.1 研究区概况

淮河蚌埠以上流域指蚌埠水文站以上集水区,地处中国中东部,位于东经 111°55′~117°30′,北纬 30°55′~34°51′范围内,地跨河南、湖北、安徽三省。蚌埠水文站以上流域面积为 121 330 平方公里。流域内分布大量支流,南北水系极不对称。研究区域地处我国南北气候过渡带,北部属于暖温带半湿润季风气候区,南部属于亚热带湿润季风气候区,气候特点是冬春干旱少雨、夏秋闷热多雨,冷暖和旱涝转变急剧。流域多年平均降水量 883.7 mm,其中 60%以上降水量集中在汛期 6—9 月(依据 1980—2018 年数据,下同),多年平均降水量大致由北向南递增,降水时空分布差异较大;多年平均气温为 15℃,气温由北向南递增;多年平均蒸散发量为 248 mm,蒸发量呈现"南小北大"的特征。淮河流域旱灾发生频次高,灾害影响范围大,同时旱涝急转特征明显,大涝年份后通常出现严重干旱。根据 2008—2018 年《淮河片水资源公报》、2006—2018 年《中国水旱灾害防御公报》、2004—2018 年《中国气象灾害年鉴》、国家气象科学数据中心(http://data.cma.cn/)提供的《中国干旱灾害数据集》整理了 1980—2018 年淮河流域重大旱情的相关情况,如表 3-1 所示。淮河流域在 1986—1988 年、1994 年、1999—2001 年、2014 年均发生了较严重的大旱、连旱事件。

表 3-1 淮河流域重大旱情概述

年份	旱情描述
1986—1988 年	1986—1988 年是新中国成立后淮河流域较为严重的连续干旱期。它开始于 1985 年的冬旱,1986 年春、夏连旱,主要旱区在淮河上游,汛期无汛,流域内大型水库蓄水量不足,中小水库干涸,沙颍河、洪汝河洪水流量为历年同期流量均值的 1%~7%。河南省周口市、平顶山市、漯河市、商丘市地区,地表水和地下水源严重短缺。平顶山市 9 座大中型水库中有 3 座无水,小型水库全部干涸,18 万人缺水吃。商丘地区地下水位埋深达 9 m,机井抽提无水,秋种缺水,无法播种。

(续表)

年份	旱情描述
1994年	三季连旱,汛期淮河水系平均降水量为440 mm,较常年低23.6%;6—7月,淮河流域持续高温少雨,一反往年梅雨季节多雨的常态,整个梅雨季节降水量偏低,出现了"空梅";进入8月份旱情持续加重,中小水库、池塘干涸,淮河干流断流时间达120天以上。安徽受旱农田面积296.93万公顷,其中成灾239.33万公顷,河南受旱面积300万公顷,其中严重干旱面积146.66万公顷,59.33万公顷作物干枯。
1999—2001年	1999年汛期降水偏少,淮河水系面平均降水量为334 mm,比常年同期低42.7%,2000年3—5月,流域内河南省、安徽省、江苏省部分地区降水量较多年同期低60%~90%。2001年淮河流域大部分地区春夏干旱,汛期淮河水系平均降水量为320 mm,比常年同期低44%。
2014年	降水量较常年同期低40%~60%,淮河上中游来水量比常年同期偏低60%~70%。1月下旬,河南西北部土壤墒情持续下降,出现不同程度旱情。受降水量持续偏低影响,6—8月,平顶山市水源地白龟山水库长时间低于死水位运行,严重威胁到城区100多万人的供水安全,洛阳、郑州等多地市也出现供水紧张局面。

流域内主要土地利用类型是耕地、城镇用地和林地。此外,流域内受人类活动影响显著,干流和主要支流均有大型水库和灌区,流域内有南湾水库、昭平台水库、白龟山水库、鲇鱼山水库等十多座大型水库。本章选择淮河流域上、中游及颍河水系的16个流域作为研究对象,基于水文站观测数据构建气象—水文干旱传递框架,流域位置和基本特征如图3-1和表3-2、表3-3所示。

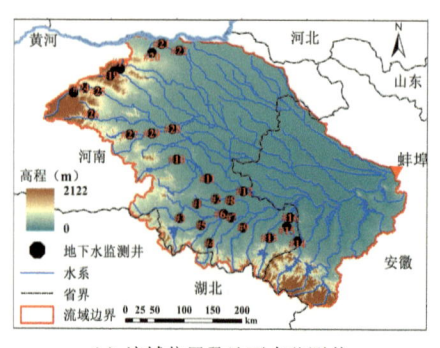

(a) 流域位置及地下水监测井　　(b) 水文站点

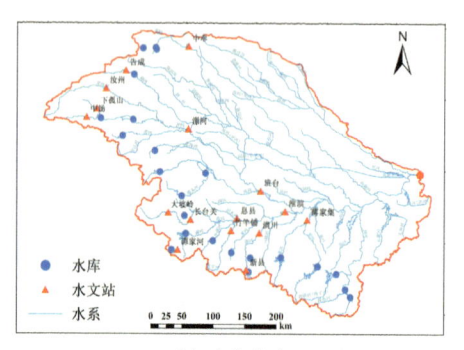

▲ 图3-1　研究区地理位置及水文站点分布

第三章 基于观测的气象—水文干旱传递特性分析

表 3-2 研究区 16 个水文站主要信息

序号	水文站	集水面积（km²）	年平均降水量(mm)	地下水埋深监测井（×代表无）
1	大坡岭	1 640	997	×
2	长台关	3 090	1 005	♯3
3	息县	10 230	1 020	♯1, ♯5, ♯6
4	淮滨	15 780	1 034	♯2, ♯7, ♯8
5	谭家河	173	1 232	×
6	竹竿铺	1 639	1 128	♯4
7	新县	274	1 319	×
8	潢川	2 050	1 202	♯9
9	汝州	2 912	629	♯23, ♯24, ♯25
10	下孤山	359	802	×
11	中汤	467	928	×
12	漯河	12 150	767	♯26, ♯27, ♯28, ♯29
13	告成	631	670	♯17, ♯18, ♯19
14	中牟	2 132	634	♯20, ♯21, ♯22
15	班台	11 104	972	♯10, ♯11, ♯12
16	蒋家集	5 631	1 246	♯13, ♯11, ♯15, ♯16 ♯18, ♯19

注：地下水埋深监测井序号对应图 3-1(a)中地下水监测井。

表 3-3 研究区大中型水库主要信息

名称	水系	总库容(亿 m³)	蓄水年份
常庄水库	贾裕河	0.174	1960
丁店水库	索河	0.585	1959
尖岗水库	贾鲁河	0.682	1970
白沙水库	颍河	2.95	1953

063

(续表)

名称	水系	总库容(亿 m³)	蓄水年份
昭平台水库	沙河	7.13	1960
白龟山水库	沙河	9.22	1959
孤石滩水库	澧河	1.78	1972
石漫滩水库	滚河	1.2	1996
板桥水库	汝河	6.75	1993
宿鸭湖水库	汝河	16.56	1958
薄山水库	溱头河	5.1	1954
王屯水库	颍河	0.036	1971
南湾水库	浉河	16.3	1959
石山口水库	小潢河	3.72	1969
花山水库	浉河	1.72	1966
五岳水库	寨河	1.2	1970
鲇鱼山水库	灌河	9.16	1976
泼河水库	青龙河	2.35	1971
梅山水库	史河	23.37	1956
香山水库	潢河	0.857	1972
响洪甸水库	淠河	26.32	1958
佛子岭水库	淠河	4.96	1954
磨子潭水库	淠河	3.37	1959

3.1.2 水文气象及基础地理数据

逐日降水数据采用国家青藏高原科学数据中心提供的中国区域高时空分辨率地表气象驱动数据集(China Meteorological Forcing Dataset，http://www.tpdc.ac.cn/zh-hans/data/7a35329c-c53f-4267-aa07-e0037d913a21/)，所用时间序列为 1980—2014 年，空间分辨率为 0.1°，该降水数据集在中国区域内得到了广泛应用并得到了较好的效果。逐日径流数据来自流域内 16 个水文站 1980—2014 年实测数据。地下水埋深来源于河南省水文水资源中心对 29 个监测井的实测数据，序列长度为 1980—2018 年，本章中仅采用 1980—2014 年的埋深数据分析，时间间隔为 5 日，部分站点存在较多缺测，因此将地下水埋深处理为月均值进行分析。数字高程模型(Digital Elevation Model，DEM)采用了美国航空航天局(NASA)和美国国家地理空间情报局(NGA)联合测量的 SRTM(Shuttle Radar Topography Mission)高程数据(https：//lta. cr. usgs. gov/SRTM)，空间分辨率为 90 m。土地利用覆盖数据为由中国科学院资源环境科学与数据中心(https：//www. resdc. cn/)提供的全国土地利用类型遥感监测空间分布数据，空间分辨率为 1 km。流域内大中型水库位置、库容等基本信息来源于河南省统计数据及全球水库和大坝数据库(Lehner et al. ，2011)。

3.2　气象—水文干旱传递特性量化框架

本研究构建了气象—水文干旱传递特性量化分析框架以定量分析气象—水文干旱传递特性，框架包括干旱识别与特征提取、传递关系判别与传递特征量化（图 3-2）。首先，计算气象及水文干旱指数，通过阈值法识别干旱事件并提取历时、相对亏缺、发展/恢复速度，反映干旱整体严重程度以及内在发展特征；然后，建立气象—水文干旱事件的关联性，基于条件概率和条件概率分布从传递概率、传递阈值、传递特征量化等方面系统揭示气象—水文干旱传递特性。

3.2.1　干旱特征提取

干旱特征提取是干旱传递特性量化分析框架的首要步骤，本小节从干旱指数、干旱识别及特征提取两个方面进行阐述，基于合理的干旱指数通过阈值法识别干旱，提取历时及相对亏缺特征，增加考虑旱情发展/恢复这一特征，补充对一场干旱多快发展至峰值、多久恢复至正常水分状况的认识。

3.2.1.1　气象及水文干旱指数

采用 SPI 以及 SRI 分别进行气象干旱及河道径流表征的水文干旱分析。SRI 是 Shukla 和 Wood（2008）基于 SPI 概率分布拟合和等概率转换的思想提出

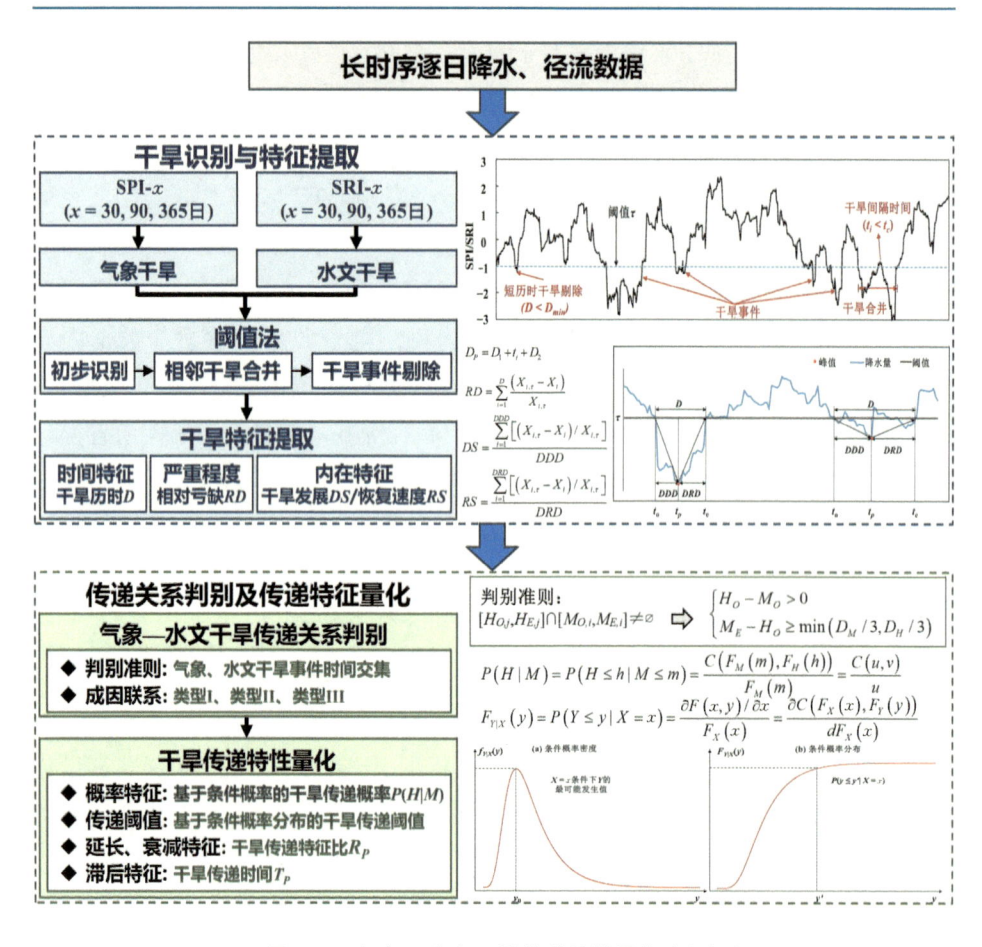

▲ 图 3-2　气象—水文干旱传递特性量化分析框架

的,以河道径流作为输入,计算方法及等级划分标准与 SPI 相同。研究区北部流域属于暖温带半湿润气候区,南部流域属于湿润气候区,基于第二章的研究结论,湿润区适用 20 日及以上时间尺度,半湿润半干旱区适用 30 日及以上时间尺度,为保持一致对研究流域统一采用"移动窗口法"计算 30 日尺度 SPI 及 SRI。计算 SRI 时首先对不同时间尺度累积径流序列进行理论概率分布拟合。理论上,拟合时应如拟合累积降水量的方式考虑季节的差异,但是水文变量的统计特性相对稳定,为保证拟合精度的同时又提高运算效率,在候选理论概率分布中选择对所有终止日期的累积序列拟合最优的一种分布拟合累积径流序列。同样采用 2.2.1 节的候选理论概率分布(GAM、WEI)、三参数偏态分布(GEV、PE3 以及 TWE)拟合研究流域的累积径流序列。拟合优度检验结果如表 3-4 所示。三参数广义极值分布 GEV 对流域内不同时间尺度累积流量序列拟合效果最好,因此计算 SRI 时采用 GEV 拟合累积流量序列。

表 3-4　研究流域累积径流序列拟合优度检验结果

理论概率分布	p-value	AIC 指示最优比率(%)
GAM	0.52	10.1
WEI	0.61	15.4
GEV	**0.75**	**36.5**
PE3	0.65	23.7
TWE	0.56	14.3

注:表中粗斜体代表拟合最优的理论概率分布函数。

3.2.1.2　干旱识别及特征提取

采用阈值法对 SPI 和 SRI 时间序列进行干旱识别,并以此为基础统计干旱历时、相对亏缺以及干旱发展/恢复期等干旱特征。基于阈值法进行干旱识别的步骤如下:

(1) 初步识别:设定阈值 $\tau=-1$,当 SPI/SRI 低于阈值时,初步判断为发生干旱;

(2) 干旱合并与剔除:对一场严重干旱事件被历时很短的非干旱期中断的情况,采用干旱合并间隔时间 t_c 对相邻干旱事件合并。若相邻的两次干旱事件间隔时间 $t_i \leqslant t_c$ 且间隔期内的干旱指数值均小于 0,则相邻的干旱事件可视为 1 次干旱事件,重复合并直至所有干旱事件间隔时间大于 t_c。历时过短的干旱事件对水资源系统影响较小但对干旱特征统计分析影响较大,为保证所识别干旱事件的可靠性,合并后需剔除干旱历时过短的干旱事件,考虑到中国水资源配置以旬为单位,设置 $D_{\min}=10$ 日,若 $D<D_{\min}$,则该干旱事件被剔除(图 3-3)。

(3) 干旱特征提取:

历时 D(Duration)是一次干旱事件的持续时间,即干旱指数连续低于阈值 τ 的时段,单位为日。合并后的干旱历时为 D_p;

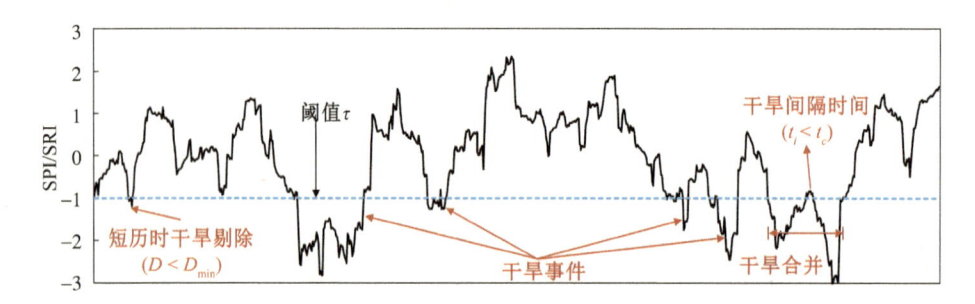

▲ 图 3-3　干旱合并与剔除示意图

$$D_P = D_1 + t_i + D_2 \tag{3-1}$$

式中，D_P 是合并后的干旱历时，D_1 和 D_2 为两次相邻干旱事件的历时，t_i 为相邻的干旱事件间隔时间（$t_i \leqslant t_c$），单位均为日。

相对亏缺 RD（Relative Deficit）：是一次干旱事件过程中相较于阈值亏缺的水量，反映干旱事件的严重程度。SPI/SRI 是由累积降水量/径流量序列的累积概率分布转化而来，以往基于标准化干旱指数的研究通常采用干旱事件历时内 SPI/SRI 指数累积和或与阈值差值累积和反映干旱严重程度，虽然这种严重程度的方式具有多时间尺度以及可比性的优点，但缺乏物理意义。为使干旱严重程度具有多时间尺度的特征且能反映干旱过程中水分亏缺量，将 SPI/SRI 的概率分布特征与累积降水/径流序列结合，建立新的严重程度量化指标相对亏缺 RD，采用 0.159（初步识别的阈值 $\tau=-1$ 在标准正态分布中对应的累积概率）对应的累积降水量/径流量作为截断水平，计算一次干旱事件中相对亏缺的公式如下：

$$RD = \sum_{i=1}^{D} \frac{(X_{i,\tau} - X_i)}{X_{i,\tau}} \tag{3-2}$$

式中，X_i 为历时 D 日内第 i 日的 N 日尺度累积降水量/径流量，单位为 mm；$X_{i,\tau}$ 为第 i 日的截断水平，即第 i 日累积降水量/径流量序列中分布概率为 0.159 对应的降水量/径流量，单位为 mm。与干旱指数累积和的方法不同，这种计算水分亏缺的方法不仅具有多时间尺度的特征，也具有物理含义，即一次干旱事件中降水/径流相对于正常水分条件亏缺的水量。相对亏缺为正值，其值越大意味着干旱越严重。合并后的相对亏缺 RD_P 应为：

$$RD_P = RD_1 - RD_i + RD_2 \qquad (3-3)$$

式中，RD_1 和 RD_2 为两次相邻干旱事件的相对亏缺，RD_i 为相邻干旱事件间隔期累积降水量/径流量高于截断水平的相对亏缺。相对亏缺是无量纲数，可进行气象干旱与水文干旱或流域间的对比。

干旱发展/恢复速度 DS/RS（Drought Development/Recovery Speed）是一次干旱从开始至发展到峰值/从峰值恢复至相对正常水分状况的速度，反映干旱发展过程的内在特征。将干旱事件的过程划分为两个阶段（图3-4）：发展期（从干旱开始时间 t_o 至峰值时间 t_p）和恢复期（从干旱峰值时间 t_p 至终止时间 t_e），干旱发展速度即为干旱发展期的相对水分亏缺除以发展期历时 DDD，干旱恢复速度即为恢复期相对水分亏缺除以恢复期历时 DRD，计算如下：

$$DS = \frac{\sum_{i=1}^{DDD}[(X_{i,\tau}-X_i)/X_{i,\tau}]}{DDD} \qquad (3-4)$$

$$RS = \frac{\sum_{i=1}^{DRD}[(X_{i,\tau}-X_i)/X_{i,\tau}]}{DRD} \qquad (3-5)$$

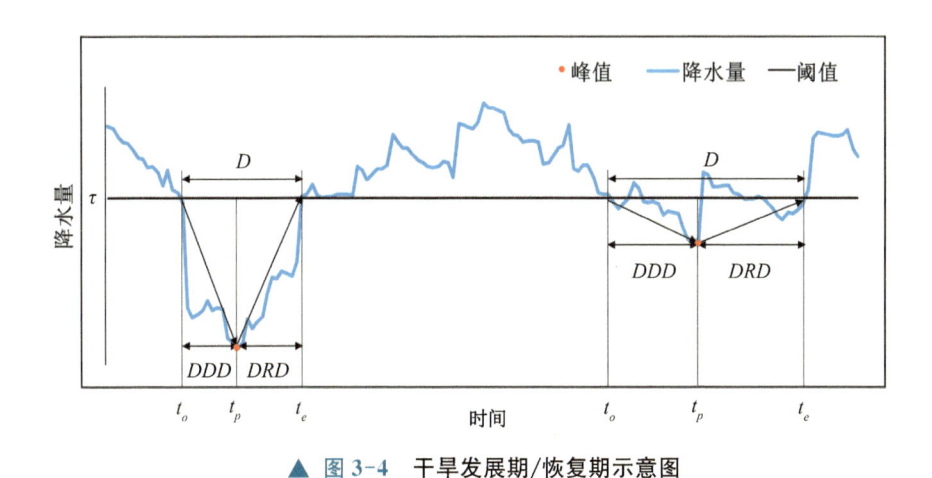

▲ 图3-4 干旱发展期/恢复期示意图

注：t_o 为干旱开始时间；t_p 为干旱发展至峰值的时间；t_e 为干旱终止时间；DDD 为干旱发展期历时；DRD 为干旱恢复期历时。

式中，DS/RS 即为干旱发展/恢复速度，单位为 1/日；DDD 和 DRD 分别为干旱发展期和恢复期的历时；t_o、t_p 和 t_e 分别为干旱事件的开始、峰值及结束时间。对于合并的干旱事件，可能存在两个甚至多个峰值，将其中的最大峰值作为划分干旱发展期和恢复期的界限，计算合并后的干旱发展/恢复速度。

干旱合并间隔时间 t_c 是干旱合并的重要参数，直接决定了提取干旱特征的可靠性，t_c 过大可能导致过度合并以致出现干旱事件相对亏缺小于 0 的不合理情形，t_c 过小则可能导致忽略相互关联的干旱事件以致低估实际干旱的历时或严重程度，因此对于 t_c 的选择应慎重。本研究探究了不同干旱合并间隔时间对气象干旱和水文干旱特征的影响，以上游干流的淮滨流域、沙颍河的漯河流域以及中游的蒋家集流域作为代表，取 $t_c=0\sim60$ 日分别合并干旱事件，获取不同 t_c 取值下干旱事件数目、历时和相对亏缺，为便于对比，将计算结果除以 $t_c=0$ 时的干旱特征值，气象及水文干旱特征对不同干旱合并间隔时间的敏感性如图 3-5 所示。从图中可看出，t_c 与干旱事件特征的关系呈阶段式分布，随着 t_c 增大，干旱历时和相对亏缺均增大，干旱事件数量随之减少，当达到某一值后干旱特征保持相

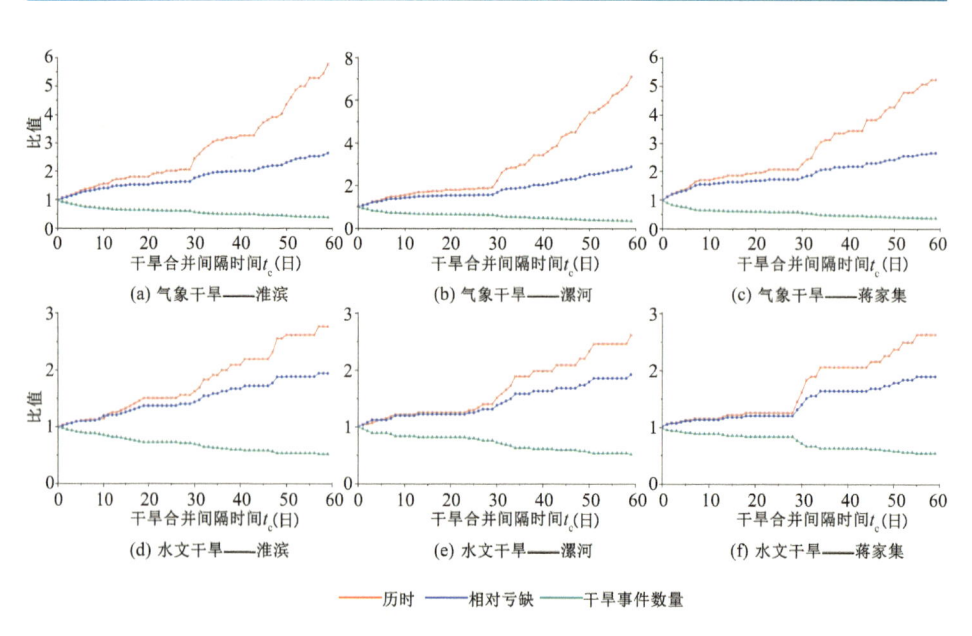

▲ 图 3-5 干旱特征对干旱合并间隔时间 t_c 的敏感性

对稳定,变化幅度不大,当 t_c 大于 20 甚至 30 日时,干旱特征的变化率大幅度增大,因此,t_c 应取干旱特征随 t_c 变化的斜率首次为 0 时的间隔时间。对于气象干旱和水文干旱,为保证干旱合并的合理性,干旱事件合并间隔时间 t_c 应为 10 日。

基于此间隔时间对干旱事件进行合并与剔除,研究区域内气象干旱与水文干旱历时和相对亏缺如图 3-6 所示。从图中可以看出,各流域间水文干旱特征的差异比气象干旱更大,气象干旱特征的空间分布与水文干旱也有较大的区别:气象干旱的最大历时出现在班台流域,最大相对亏缺出现在淮滨流域,而水文干旱的最大历时和最大相对亏缺分别出现在下孤山流域和中汤流域。各流域间气象干旱特征的差异主要是由降水量的大小、集中程度等造成的,但水文干旱是流域气候条件、流域特征(地质、地形条件、土地利用/覆盖等)以及人类活动(灌溉用水和水库、引调水工程等)综合作用的结果,各流域的气候、流域特性差异较大导致流域间水文干旱特征差异且空间分布与气象干旱极为不同。

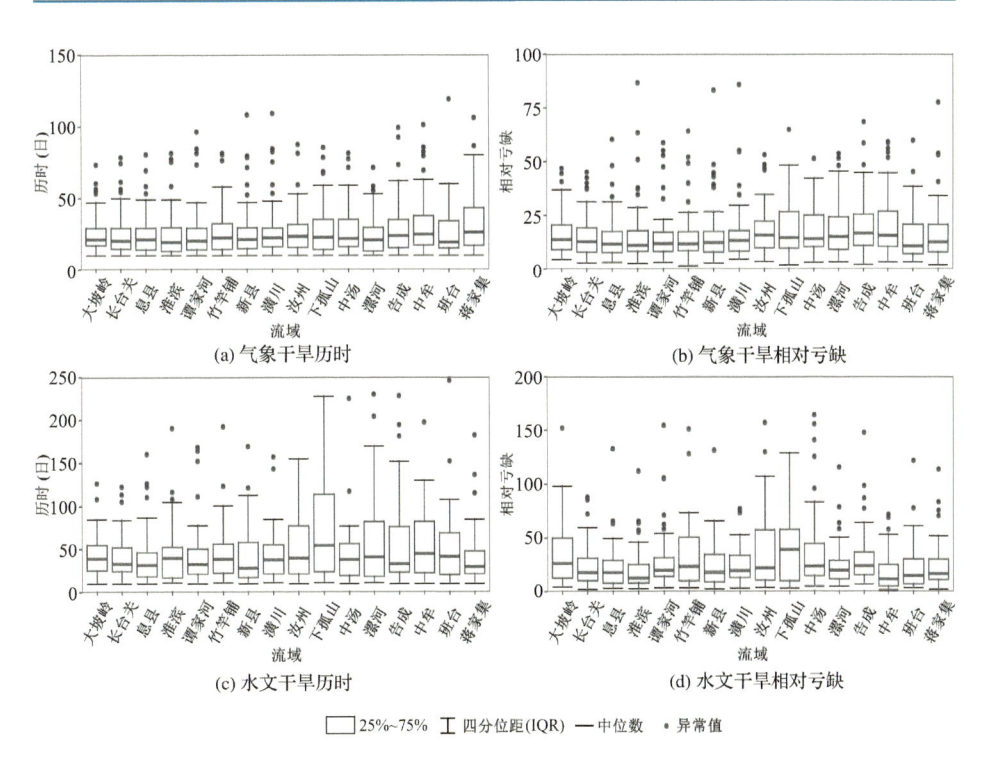

▲ 图 3-6　研究区各流域气象及水文干旱事件历时、相对亏缺

图 3-7 为气象干旱和水文干旱发展/恢复期历时及速度,反映气象干旱及水文干旱内在过程的特征。从图中可以看出,气象干旱与水文干旱的发展与恢复过程具有非对称性,即相较于恢复期,水文干旱和气象干旱的发展期历时更长、速度更为平缓。气象干旱的发展期和恢复期历时分别为 4~97 日和 1~69 日,发展和恢复速度分别为 -1.36~-0.01/日和 1.52~4.06/日,发展期与恢复期特征差异相对较小。相较于气象干旱,水文干旱的非对称性特征更为明显,发展期和恢复期历时分别为 4~195 日和 1~98 日,发展速度为 -0.99~-0.01/日,远小于恢复速度 1.01~2.34/日,这表明流域内水文干旱普遍具有缓慢发展的"蠕变"特征,但水文干旱状态的终结较为迅速,这是由于水文干旱的发展期是径流水分亏缺持续累积的过程,这一过程不仅受降水亏缺的影响,还受流域调蓄作用的影响,流域内不同位置的水分亏缺需要一定时间才能在出口断面的径流过程中累积显现,且水分支出项如实际蒸散发受蒸发潜力约束,水分亏缺累积过程

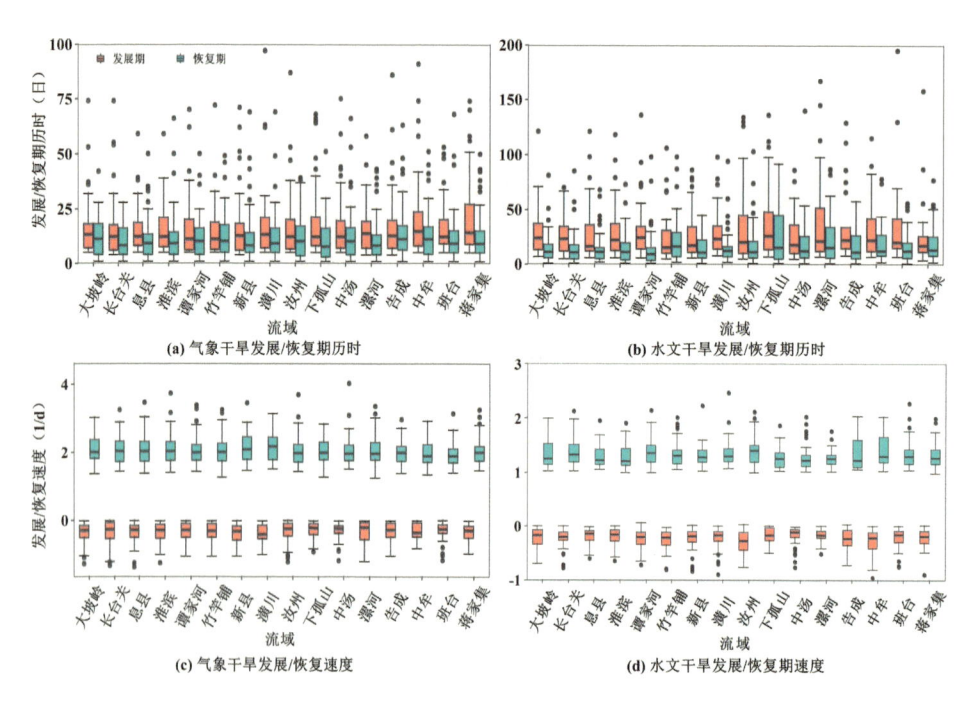

▲ 图 3-7 研究区各流域气象、水文干旱事件发展/恢复期特征

相对缓慢；与发展期不同，恢复期是受降水等水分补给恢复至正常水分状况的过程，而降水这一水分收入项并无最大值约束，一场短时降水的补给可能就使得河道径流快速恢复至正常水分条件，干旱状态随即迅速缓解或解除。

3.2.2 气象—水文干旱传递关系判别及定量分析

气象—水文干旱传递关系判别及定量分析是干旱传递特性分析框架的核心，主要包括气象干旱与水文干旱传递关系的判别以及传递特性（概率、阈值、水分亏缺变化以及时滞效应等）的量化。本节首先通过气象—水文干旱联结方法建立气象干旱与水文干旱间的关联性，而后从传递概率、传递阈值以及时滞效应等方面量化水文干旱对气象干旱的非线性响应关系。

3.2.2.1 气象—水文干旱传递关系判别

当降水出现亏缺时，气象干旱发生；当降水亏缺持续一段时间时，一方面气象干旱继续发展，降水亏缺不断累积，另一方面土壤水分、河道径流无法得到充足补给导致径流减少进而诱发水文干旱。水文干旱的诱发一般需要气象干旱达到一定规模，一场历时长、较为严重的气象干旱或是几场短历时、亏缺小的气象干旱共同作用都可能诱发水文干旱。但是在无气象干旱发生的情况下，前期水分不足或大规模取、用水也可能导致以河道径流亏缺为标志的水文干旱发生。正是这种复杂关系使水文干旱与气象干旱并不一一对应，因此需要根据气象干旱与水文干旱的成因联系对两者之间是否存在传递关系进行判别以明晰气象—水文干旱传递的内在形成机制。

气象和水文干旱事件之间的匹配（即是否发生传递）是基于气象—水文干旱联结方法判别的。通过它们的时间交集判断，以第 i 场水文干旱和第 j 场气象干旱为例，$M_{O,i}$ 和 $M_{E,i}$ 分别为气象干旱事件的开始和结束时间，$H_{O,j}$ 和 $H_{E,j}$ 分别为水文干旱事件的开始时间和结束时间。如果 $[H_{O,j}, H_{E,j}] \cap [M_{O,i}, M_{E,i}] = \varnothing$，则该场气象干旱与水文干旱事件不匹配；如果 $[H_{O,j}, H_{E,j}] \cap [M_{O,i}, M_{E,i}] \neq \varnothing$，则需进一步通过发生先后顺序判断二者是否具有成因联系。可能存在水文干旱开始时间早于气象干旱的特殊情形，这种情况可能有三种原因，一是多场气象干旱引起水文干旱发生，这种情况应当保留并将其与第 $j-1$ 场气象干旱事件合并；二是在气象干旱发生前河道径流已处于偏枯状态，降水出现亏缺态势时，河道径流因无补给迅速形成干旱，此种情况应当保留；三是气象干旱事件与水文干旱事件无传递关系,该场水文干旱事件发生时并无明显降水亏缺,时间交集属于偶然现象,这种情形应当舍弃。经过统计发现,第二种情况极为少见,仅有五场水文干旱事件,大多数为第一、三种情况,对于第三种情况,借鉴 Zhu 等(2019)的判别标准:如果气象干旱早于水文干旱发生且气象干旱和水文干旱事件的时间交集超过两者中最短历时的三分之一,则认为它们是匹配的,即发生了传递。综上,气象干旱与水文干旱事件是否具有成因联系通过以下标准判别:

$$\begin{cases} H_O - M_O > 0 \\ M_E - H_O \geqslant \min(D_M/3, D_H/3) \end{cases} \quad (3-6)$$

式中,M_O 和 M_E 分别为气象干旱事件开始和结束时间;H_O 为水文干旱事件开始时间;D_M 和 D_H 分别为气象干旱和水文干旱历时。

基于此判别标准对气象干旱与水文干旱事件是否匹配进行判别,分析气象干旱和水文干旱事件间的关系,从干旱成因的关联性可以将水文干旱与气象干旱的传递关系归纳为三类:①气象干旱与水文干旱具有对应关系(类型Ⅰ),这类传递过程是由于严重的降水亏缺引发河道径流亏缺。这种传递关系又可以分为两种情形,一种是一场气象干旱之后发生一场水文干旱(1-1),如图 3-8(a)所示,另一种是多场气象干旱合并引发一场水文干旱(n-1),如图 3-8(b)所示,其中以气象干旱与水文干旱一一对应的情形为主,气象干旱合并引发一场水文干旱的情形(n-1)大约仅占这类传递关系的 22%,且随干旱计算的时间尺度增长,多场气象干旱合并引发一场水文干旱的情况更少。②发生气象干旱但未发生水文干旱的情形(类型Ⅱ),如图 3-8(c)所示,这种情形通常是由于气象干旱事件历时短、严重程度弱或流域前期径流量偏丰形成的,径流对降水异常亏缺存在一定的时滞效应,在径流还未出现亏缺前气象干旱已缓解或解除,不足以对流域水循环过程产生影响。③未发生气象干旱但发生水文干旱(类型Ⅲ),大多数是由于流域前期径流量偏枯再加上气象条件虽未形成干旱但处于偏干的状况形成的,径流持续缺水无法得到有效缓解导致出现 SRI 低于阈值的时段,在得到降水补充后迅速解除,也有少数是人类活动的水利工程调节或大规模的灌溉取水,在汛期末水库蓄水或作物生长季河道大量取水导致河道径流出现短暂的水文干旱时段,如图 3-8(d)所示,这种情形下的水文干旱事件通常历时短、严重程度弱。

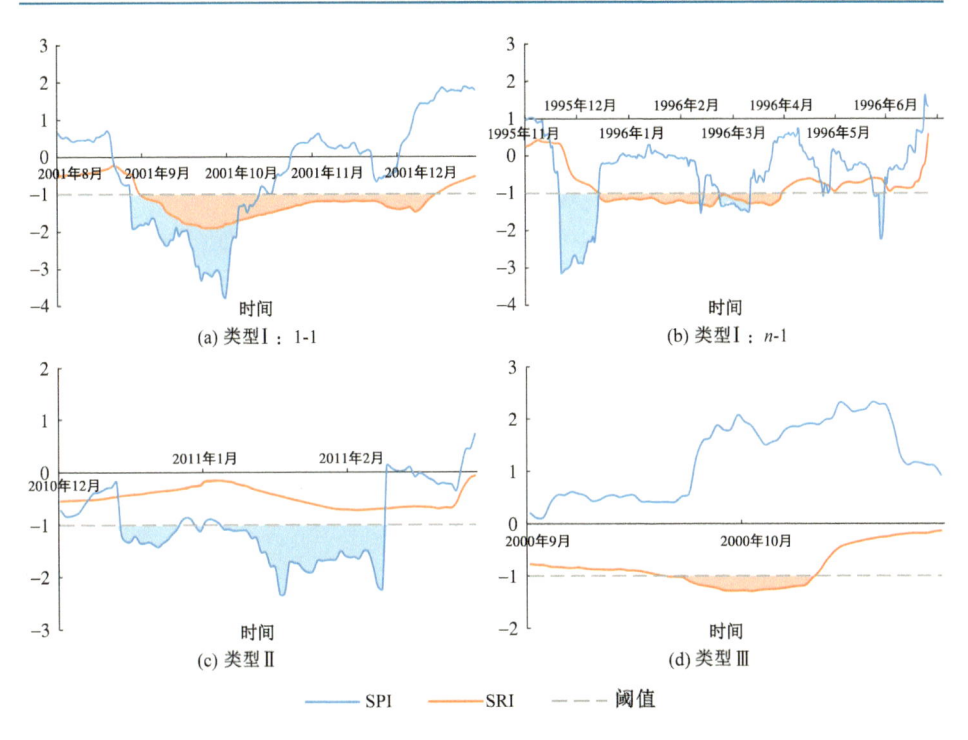

▲ 图 3-8　气象—水文干旱传递类型示例

[(a)2001年大坡岭流域干旱事件;(b)1995—1996年淮滨流域干旱事件;(c)2010—2011年淮滨流域干旱事件;(d)2000年新县流域干旱事件]

3.2.2.2　干旱传递概率

气象干旱与水文干旱并非一一对应,而是有条件地向水文干旱传递,本节基于条件概率的思想,通过类型Ⅰ、类型Ⅱ及类型Ⅲ的发生概率量化不同类型传递的可能性,刻画干旱传递的概率特征。

1. 类型Ⅰ发生概率

标准化干旱指数本身具有概率表征的特性,因而在此基于条件概率的思想挖掘干旱指数的概率特征,计算类型Ⅰ(即气象干旱引发水文干旱)的发生概率 $P(H|M)$。假设 $u=F_H(h)$ 和 $v=F_M(m)$ 分别为变量 H 和 M 的边缘概率分布,根据条件概率公式,当气象干旱事件 M 发生(即 $M \leqslant m$)的条件下,水文干旱事件 H 发生(即 $H \leqslant h$)的概率 $P(H|M)$ 应该为:

$$P(H\mid M)=P(H\leqslant h\mid M\leqslant m)=\frac{P(H\leqslant h,M\leqslant m)}{P(M\leqslant m)} \quad (3-7)$$

式中，变量 H 和 M 分别代表 SPI 和 SRI；h 和 m 分别代表数值，计算气象和水文干旱的发生概率应取干旱识别的阈值，即 -1。

气象干旱与水文干旱并不相互独立，因此气象干旱与水文干旱同时发生的概率 $P(H\leqslant h,M\leqslant m)$ 并不能简单地以 $P(H\leqslant h)\times P(M\leqslant m)$ 计算，需要借助 Copula 函数获取变量 H 与 M 的联合概率分布以计算联合累积概率。Copula 函数的理论基础是 1959 年 Sklar 提出的 Sklar 定理（1959），即一个 n 维联合分布函数可分解为 n 个边缘分布函数和一个描述变量间相依性结构的 Copula 函数，可表示为：设 $X=(x_1,x_2,\cdots,x_n)$ 为 n 维随机变量，随机变量的边缘分布函数分别是 $F_1,F_2,\cdots,F_n$，则存在一个 n 维 Copula 函数 C，满足

$$H(x_1,x_2,\cdots,x_n)=C[F_1(x_1),F_2(x_2),\cdots,F_n(x_n)] \quad (3-8)$$

式中，函数 C 是在 $[0,1]$ 区间上均匀分布的联合分布函数，如果随机变量的边缘分布函数 $F_1,F_2,\cdots,F_n$ 是连续的，则其 n 维联合分布函数 H 的 Copula 函数 C 是唯一的。Copula 函数实质上是一种将联合概率分布函数和边缘概率分布函数连接起来的纽带函数，优势在于可以描述变量间的复杂相依性结构。基于 Copula 函数的式（3-7）可写为：

$$P(H\mid M)=P(H\leqslant h\mid M\leqslant m)=\frac{C[F_M(m),F_H(h)]}{F_M(m)}=\frac{C(u,v)}{u}$$
$$(3-9)$$

在水文频率分析与计算中常用的 Copula 函数有椭圆型以及阿基米德型，椭圆型 Copula 函数具有椭圆轮廓线分布，不受变量间相依性结构的限制，常用的椭圆型 Copula 有 Gaussian Copula 和 Student-t Copula；阿基米德型 Copula 函数的形式更为简单，对称性强，常用的阿基米德型 Copula 有 Gumbel Copula、Clayton Copula 和 Frank Copula。本研究采用常用的五种 Copula 函数构建 SPI 与 SRI 值的联合概率分布，概率分布函数及参数如表 3-5 所示。Copula 分布函数的参数通过极大似然法确定，基于 K-S 检验和 AIC 准则（2.1.3 节）评价候选 Copula 函数的拟合效果并选择最优的 Copula 分布函数。

表 3-5　候选理论 Copula 函数及其参数

Copula 类别	名称	分布函数及其参数
椭圆型	Gaussian	$C(u,v)=\Phi_\theta[\Phi^{-1}(u),\Phi^{-1}(v)]$，$\theta$ 为参数
	Student-t	$C(u,v)=t_{\theta,k}[t_k^{-1}(u),t_k^{-1}(v)]$，$\theta$ 为参数，k 为自由度
阿基米德型	Gumbel	$C(u,v)=\exp\{-[(-\ln u)^\theta+(-\ln v)^\theta]^{-\frac{1}{\theta}}\}$，$\theta\geqslant 1$
	Clayton	$C(u,v)=(u^{-\theta}+v^{-\theta}-1)^{-\frac{1}{\theta}}$，$\theta>0$
	Frank	$C(u,v)=-\dfrac{1}{\theta}\ln\left[1+\dfrac{(e^{-\theta u}-1)(e^{-\theta v}-1)}{e^{-\theta}-1}\right]$，$\theta\neq 0$

注：表中 Φ_θ 为二维标准正态分布函数，Φ^{-1} 为一维标准正态分布函数的反函数；$t_{\theta,k}$ 为二维 t 分布函数，t_k^{-1} 为一维 t 分布函数的反函数。

基于 Copula 函数计算联合分布概率的步骤首先是变量间相依性的度量，而后拟合各变量的边缘分布，最后优选 Copula 函数构建两变量的联合分布。特征变量间的相依性是 Copula 计算联合概率分布的基础，在利用 Copula 构造两变量联合概率分布前首先基于 Pearson 相关系数、Kendall 秩相关系数以及 Spearman 相关系数对 SPI 和 SRI 之间的线性以及非线性相关关系进行度量。图 3-9 为 SPI 与 SRI 的 Pearson Copula、Kendall Copula 秩以及 Spearman 相关系数，从图中可看出各流域相关系数均高于 0.3，通过显著性水平 $\alpha=0.05$ 的显

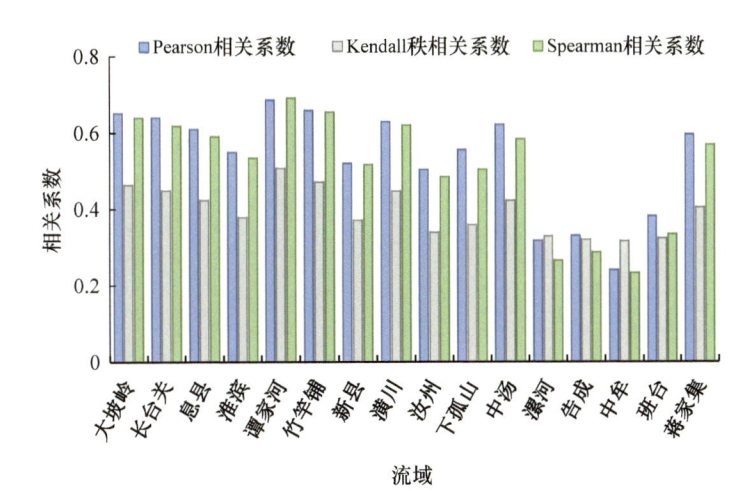

▲ 图 3-9　研究区各流域 SPI 与 SRI 的 Pearson、Kendall 及 Spearman 相关系数

著性检验,可通过 Copula 函数构造两变量联合分布。SPI 与 SRI 均服从标准正态分布,因此无需进一步拟合边缘分布,采用常用的 K-S 与 AIC 对 Copula 函数拟合 SPI 与 SRI 的联合分布效果进行评价,如表 3-6 所示。结果显示除中牟流域为 Gaussian Copula 拟合最优外,其余流域均为 Gumbel Copula 拟合最优,因此采用 Gaussian Copula 构建中牟流域 SPI 与 SRI 的联合概率分布,其余流域采用 Gumbel Copula 拟合联合概率分布。

表 3-6　各流域五种 Copula 函数拟合优度检验结果

流域	K-S 检验 p-value					AIC				
	Gaussian	Student-t	Gumbel	Clayton	Frank	Gaussian	Student-t	Gumbel	Clayton	Frank
大坡岭	0.24	0.53	0.43	0.5	0.37	−664.3	−690.0	***−745.5***	−369.7	−655.1
长台关	0.82	0.75	0.78	0.52	0.73	−631.6	−664.4	***−708.8***	−370.1	−611.4
息县	0.78	0.37	0.92	0.24	0.62	−557.6	−580.0	***−620.9***	−315.8	−536.9
淮滨	0.54	0.61	0.48	0.1	0.45	−427.5	−451.5	***−473.9***	−253.0	−421.2
谭家河	0.16	0.23	0.68	0.88	0.61	−752.3	−777.6	***−780.6***	−467.8	−782.2
竹竿铺	0.52	0.63	0.86	0.61	0.57	−523.9	−530.8	***−563.2***	−274.9	−539.4
新县	0.34	0.13	0.52	0.30	0.43	−389.7	−446.1	***−495.4***	−203.8	−402.1
潢川	0.12	0.42	0.36	0.25	0.49	−621.4	−641.8	***−687.6***	−339.9	−610.3
汝州	0.54	0.41	0.46	0.14	0.26	−342.4	−357.2	***−392.2***	−177	−338.1
下孤山	0.16	0.34	0.56	0.20	0.39	−405.4	−419.0	***−465.6***	−212.0	−378.6
中汤	0.10	0.46	0.60	0.06	0.24	−560.1	−589.2	***−643.3***	−316.7	−534.6
漯河	0.68	0.48	0.5	0.22	0.31	−119.9	−128.7	***−156.2***	−49.6	−95.2
告成	0.69	0.58	0.78	0.12	0.31	−142.3	−148.8	***−157.8***	−82.5	−111.2
中牟	0.54	0.29	0.38	0.86	0.19	***−378.0***	−375.0	−365.3	−349.5	−367.7
班台	0.32	0.43	0.64	0.32	0.68	−167.7	−190.6	***−223.9***	−64	−153.1
蒋家集	0.41	0.32	0.7	0.26	0.48	−531.2	−544.6	***−561.6***	−322.4	−494.8

注：表中粗斜体代表拟合最优的 Copula 函数。

基于 SPI 与 SRI 的联合概率分布可计算气象干旱引发水文干旱(即类型Ⅰ)的概率,以大坡岭流域为例,SPI 及 SRI 边缘分布的累积概率与联合累积概率的关系如图 3-10 所示。对于干旱识别的阈值-1,其累积概率 $F_H(-1)=P(H\leqslant-1)=0.159$ 和 $F_M(-1)=P(M\leqslant-1)=0.159$,它们的联合累积概率 $C[F_M(m),F_H(h)]$(同时指示干旱的情况,图中以红线表示)为 0.07,由此可根据式(3-9)计算出传递概率为 0.45,也就是说,气象干旱发生时,水文干旱发生的概率为 0.45。基于此,研究流域类型Ⅰ发生概率如图 3-11 所示。从图中可以看出,研究流域中气象干旱引发水文干旱的概率在 0.27~0.48 之间,最高的谭家河流域为 0.48,最低的漯河、中牟和班台流域传递概率均小于 0.3,在这三个流域水文干旱与气象干旱表现出了极弱的同步性。谭家河流域位于山区,具有较高的降水量和较小的耕地面积比例,而漯河、中牟和班台流域则位于相对平坦的地区,具有较大的流域调蓄作用且人类活动剧烈,这在一定程度上也反映了气候、流域调蓄和人类活动对干旱传递过程的综合作用。传递概率在一定程度上反映了水文干旱对气象干旱的敏感性,传递概率越高表明气象干旱越容易演变为水文干旱,但并不意味着流域内水文干旱越严重,举例来说,谭家河流域虽然气象干旱向水文干旱传递概率最高,但水文干旱平均历时为 44 日,低于漯河流域的 69.7 日。

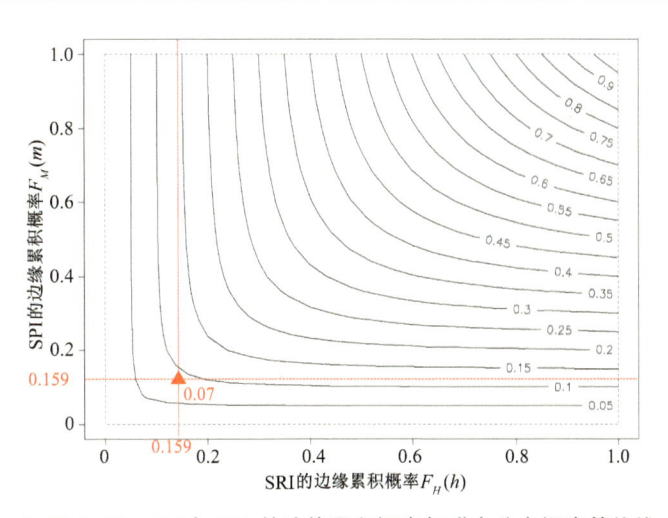

▲ 图 3-10 SPI 与 SRI 的边缘累积概率与联合分布概率等值线

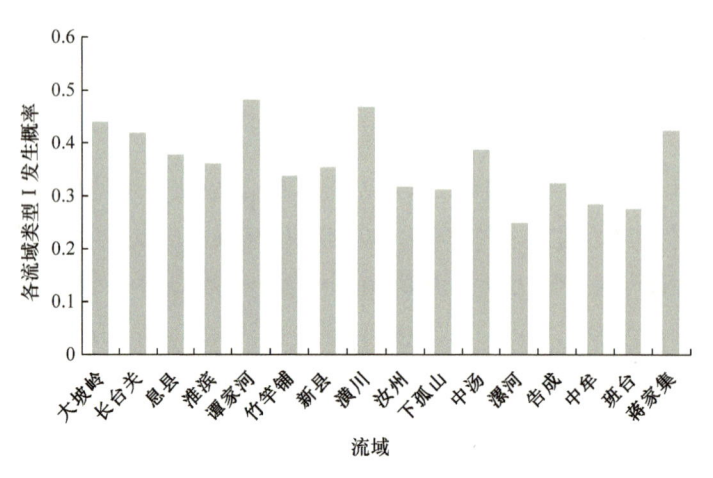

▲ 图 3-11　研究区各流域类型 I 发生概率

2. 类型 II 及类型 III 发生概率

类型 II（即气象干旱未引发水文干旱）的发生概率 $P(M \mid NH)$ 用事件发生频率近似估计气象干旱未引发水文干旱的概率，计算公式如下：

$$P(M \mid NH) = 1 - \frac{n_l}{n_m} \tag{3-10}$$

式中，n_l 为气象干旱引发水文干旱的事件数；n_m 为气象干旱事件总数。

类型 III（即水文干旱在无气象干旱条件下发生）的发生概率 $P(H \mid NM)$ 计算公式如下：

$$P(H \mid NM) = 1 - \frac{m_l}{m_h} \tag{3-11}$$

式中，m_l 为气象干旱引发水文干旱的事件数；m_h 为水文干旱事件总数。

图 3-12 为研究流域内类型 II 及类型 III 的发生概率，从图中可以看出，气象干旱与水文干旱具有显著的非一致性特征，类型 II 及类型 III 的发生概率均较高，尤其在漯河、中牟、班台流域。气象干旱未引发水文干旱（类型 II）的概率在 0.45～0.68 之间，当降水亏缺较小时，土壤水或地下水的补给能够维持流域的产流过程，河道径流不会出现明显减少，因而气象干旱未引发水文干旱。类型 III 的发生概率在 0.22～0.62 之间，也就是说，在所有水文干旱事件中，只有

38%～78%的水文干旱由气象干旱引发,其余的水文干旱事件均在气象未出现明显亏缺的条件下发生。气象干旱未引发水文干旱概率高的漯河、中牟和班台流域类型Ⅲ的发生概率相对较高,原因可能在于流域内水利工程众多,对气象干旱的抵御能力相对较高,在减小气象干旱引发水文干旱概率的同时减弱了气象干旱与水文干旱的联系,流域内水库蓄水和大规模灌溉用水也可能导致类型Ⅲ发生概率的增加。

(a) 类型Ⅱ发生概率

(b) 类型Ⅲ发生概率

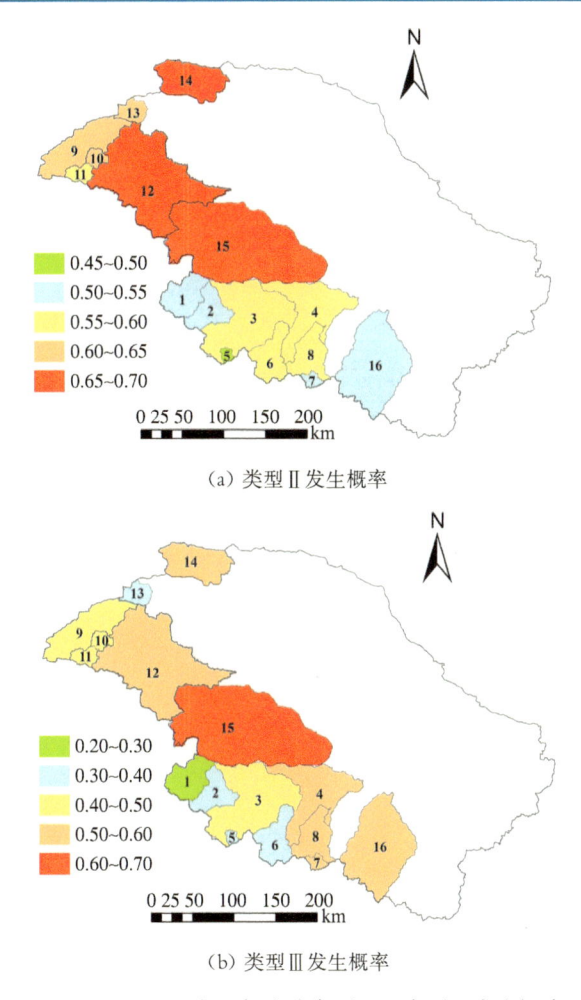

▲ 图3-12 研究区各流域类型Ⅱ及类型Ⅲ发生概率

注:数字对应表3-2中流域序号。

3.2.2.3 干旱传递阈值

气象干旱向水文干旱传递过程是有条件的传递,只有在气象干旱达到一定规模后才会向后者传递。借鉴条件概率的思想,基于条件概率分布计算气象干旱引发水文干旱的阈值,即气象干旱发展至何种程度才使得水文干旱达到某种规模。假设 $F_X(x)$ 和 $F_Y(y)$ 分别为气象干旱特征 X 和水文干旱特征 Y 的边缘概率分布函数,在给定气象干旱事件特征 $X=x$ 时,水文干旱特征 Y 的条件概率分布函数应为:

$$F_{Y|X}(y) = P(Y \leqslant y \mid X = x) = \frac{\partial F(x,y)/\partial x}{F_X(x)} = \frac{\partial C[F_X(x), F_Y(y)]}{\mathrm{d}F_X(x)} \tag{3-12}$$

相应地,水文干旱特征 Y 的条件概率密度函数应为:

$$f_{Y|X}(y) = \frac{f(x,y)}{f_X(x)} = c[F_X(x), F_Y(y)]f_Y(y) \tag{3-13}$$

式中,$C[F_X(x), F_Y(y)]$ 和 $c[F_X(x), F_Y(y)]$ 分别为 $F_X(x)$ 和 $F_Y(y)$ 的联合概率分布函数和联合概率密度函数;$f_X(x)$ 和 $f_Y(y)$ 分别为气象干旱特征 X 和水文干旱特征 Y 的边缘概率密度函数。在 $X=x$ 的条件下,当 y_0 满足 $\mathrm{d}f_{Y|X}(y)/\mathrm{d}y = 0$ 时,条件概率密度值最大,y_0 可作为给定气象干旱特征条件 $X=x$ 下水文干旱特征的最可能发生值。

计算气象干旱向水文干旱传递阈值做法如下:基于候选理论概率分布对匹配的气象干旱及水文干旱特征分别拟合边缘概率分布,优选 Copula 函数构造两变量的联合分布;给定初始气象干旱阈值 x_0,获取 $X=x_0$ 条件下水文干旱特征的最可能值 y_0;判断 y_0 是否等于目标水文干旱特征 y_{obj},若 $y_0 = y_{obj}$,则 x_0 为气象干旱向水文干旱传递的特征阈值,若 $y_0 \neq y_{obj}$,则 $X' = x_0 + 0.001$,重复步骤直至满足 $y_0 = y_{obj}$(图 3-13)。

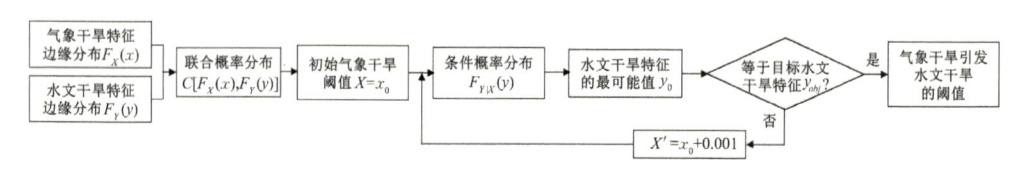

▲ 图 3-13 干旱传递阈值计算流程图

Shi 等(2018)指出,根据干旱严重程度可将干旱事件特征分为轻微、中等、严重和极端四个等级。Guo 等(2019)基于干旱事件特征的分布给出四个等级干旱事件对应的累积概率区间分别为[0,0.5)、[0.5,0.75)、[0.75,0.9)和[0.9,1]。本研究以此区间作为干旱事件特征的分级标准,以大坡岭流域为例,图 3-14 给出了大坡岭流域类型Ⅰ水文干旱历时和相对亏缺的累积概率分布和不同等级的干旱事件特征分级,随着水文干旱严重等级的提高,干旱事件数随之减少,极端等级水文干旱事件仅有三场。以等级划分界线的水文干旱特征作为目标水文干旱特征 y_{obj},据此计算气象干旱向不同等级水文干旱传递的阈值。

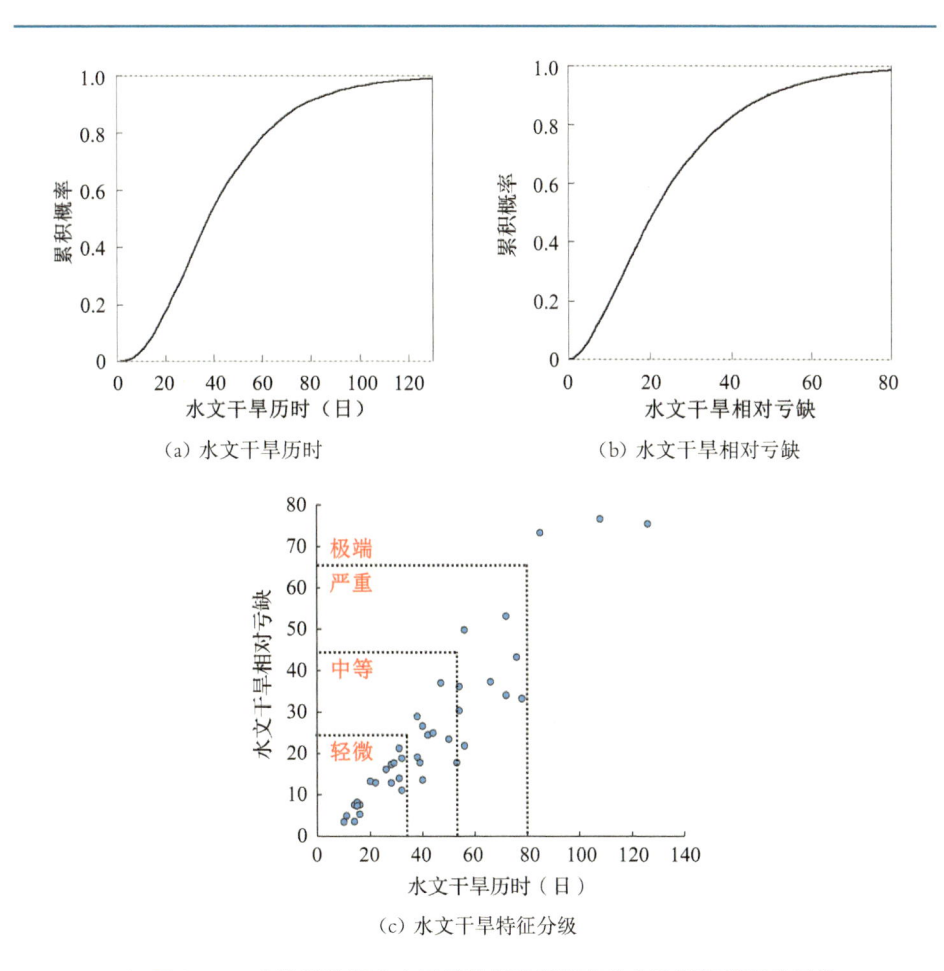

(a)水文干旱历时

(b)水文干旱相对亏缺

(c)水文干旱特征分级

▲ 图 3-14 大坡岭流域水文干旱特征累积概率分布及不同等级临界值

不同气象干旱特征条件下水文干旱特征的条件概率密度和条件概率分布如图 3-15 所示，从图中可以看出，随着给定气象特征值增加，相应的水文干旱特征条件累积概率分布和概率密度逐渐变平缓，水文干旱最可能发生值变大，其对应的概率也逐渐减小。以干旱历时为例，给定气象干旱历时，水文干旱历时的超越概率随气象干旱历时的增大而增大，且存在特征点，当水文干旱历时达到 90 日，所有等级特征值的超越概率都达到 100%，对于中等程度的水文干旱，当气象干旱历时大于 20 日时，水文干旱历时的发生概率才会显著增大，在气象干旱历时为 22.2 日时水文干旱历时达到中等等级的可能性最大；相较于历时，相对亏缺的增幅小而缓慢，但其对应的发生概率更大，不同等级水文干旱相对亏缺的差异

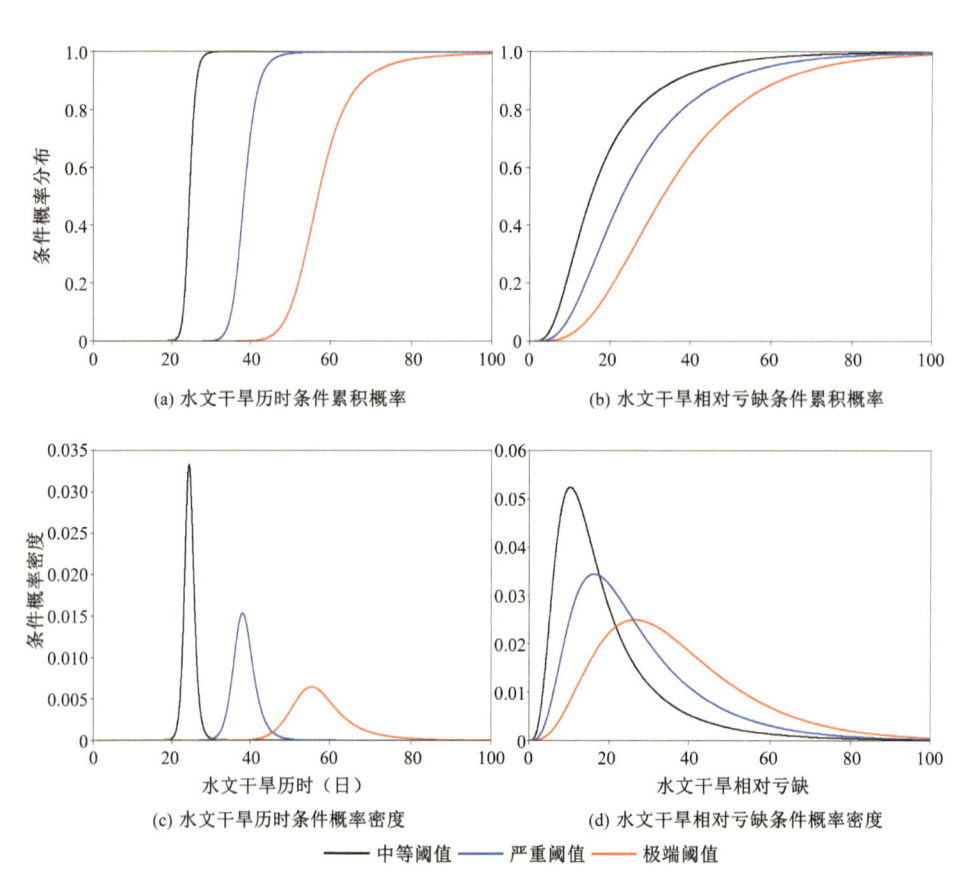

▲ 图 3-15 大坡岭流域气象—水文干旱特征条件概率分布及条件概率密度

更小。各流域气象干旱向水文干旱传递阈值如表3-7所示。随着水文干旱事件特征逐渐变严重,气象干旱引发水文干旱的阈值也相应增加。当气象干旱发展到一定规模,相应地,水文干旱发生并达到临界条件,以大坡岭流域为例,如果气象干旱发生且历时和相对亏缺分别超过22.2日和13.3,有44%的概率会引发水文干旱,且水文干旱的规模达到中等等级。通过条件概率分布建立了气象干旱历时和相对亏缺向水文干旱传递的非线性对应关系,以此推求气象干旱向水文干旱传递的阈值,可作为水文干旱的预警标准,提高水文干旱的预警预测能力。

表 3-7 研究区各流域气象干旱向不同等级水文干旱传递阈值

流域	干旱历时(日) 中等 水文	阈值	严重 水文	阈值	极端 水文	阈值	干旱相对亏缺 中等 水文	阈值	严重 水文	阈值	极端 水文	阈值
大坡岭	35.8	22.2	54.7	34.1	80.0	56.5	24.6	13.3	44.7	17.5	65.7	34.1
长台关	33.9	20.6	53.3	32.0	80.1	61.7	17.4	12.3	31.8	16.3	54.8	33.5
息县	31.5	21.4	50.6	35.6	77.5	57.5	16.0	11.9	28.5	15.8	47.8	29.8
淮滨	34.6	21.6	56.7	36.2	88.4	64.9	14.5	12.1	25.8	15.8	43.2	25.5
谭家河	33.9	21.0	54.1	33.9	82.3	60.7	17.1	11.5	31.3	15.3	54.1	27.5
竹竿铺	35.0	22.3	55.7	34.4	84.6	63.9	21.0	12.0	40.8	16.1	74.0	41.3
新县	32.4	21.6	54.1	34.4	85.9	62.5	21.1	15.2	36.6	19.8	59.9	33.4
潢川	35.5	26.1	53.3	44.0	77.1	59.5	18.9	13.9	32.1	18.4	51.6	37.1
汝州	38.7	26.0	67.7	42.8	112.0	80.4	25.8	12.1	53.7	16.3	103.9	53.4
下孤山	56.0	22.9	112.8	38.2	211.8	135.2	37.9	15.2	63.7	21.7	127.8	70.4
中汤	33.4	23.2	54.8	37.2	85.7	61.9	25.9	16.1	52.1	22.3	98.0	57.3
漯河	44.2	22.1	84.4	35.2	150.9	100.0	19.0	12.8	30.5	17.8	46.8	31.4
告成	42.5	24.2	79.2	39.7	138.9	95.0	24.0	15.0	39.7	20.1	62.5	43.1
中牟	42.7	23.4	71.5	37.6	113.7	85.2	11.3	15.2	23.1	20.1	43.9	21.1
班台	39.1	22.2	66.9	35.5	108.2	76.1	15.2	12.0	28.3	15.6	49.3	26.8
蒋家集	32.5	20.7	51.4	32.3	77.6	57.7	17.6	14.5	31.4	19.4	53.1	32.7

注:中等、严重和极端分别代表不同等级水文干旱,水文指临界特征值,即 y_{obj}。

3.2.2.4 干旱传递特征量化

依据干旱发生时间、历时、严重程度以及面积特征,目前研究普遍认为气象干旱向水文干旱传递的过程存在合并、滞后、延长、衰减等特征。本节通过干旱特征比量化传递过程的延长、衰减特征,通过对比不同传递时间方法的差异确定合理的计算方法反映气象干旱向水文干旱的时滞效应。

1. 延长、衰减效应量化

采用特征比这一指标定量反映关联的气象—水文干旱事件历时、相对亏缺以及发展/恢复速度的特征变化,特征比 R_P 的计算如下:

$$R_P = \left(\prod_{i=1}^{n} \frac{C_{M,i}}{C_{H,i}}\right)^{\frac{1}{n}} \tag{3-14}$$

式中,$C_{M,i}$ 是某一子流域第 i 个关联的气象—水文干旱事件中的气象干旱事件特征(历时、相对亏缺、发展/恢复速度),对于 $n-1$ 的情形,历时、相对亏缺取 n 个气象干旱事件特征的和,发展速度取对应的第一个气象干旱事件发展速度,恢复速度取第 n 个气象干旱事件恢复速度;$C_{H,i}$ 是某一子流域第 i 个关联的气象—水文干旱事件中水文干旱事件特征(历时、相对亏缺、发展/恢复速度)。若干旱特征比大于1,代表相应的干旱特征从气象干旱向水文干旱传递存在衰减的效应;反之则相反。特征比这一指标度量了水文干旱特征随气象干旱特征变化的程度,反映了传递过程中水文干旱对气象干旱的响应程度。

图3-16显示了研究流域干旱历时、相对亏缺、发展/恢复速度特征比。干旱历时特征比是有传递关系的气象干旱与水文干旱历时的比值,干旱历时比小于1代表从气象干旱到水文干旱历时延长,比值越小表明干旱传递中水文干旱历时延长的程度越大,干旱相对亏缺比也是同样的。各流域的干旱历时比均小于1,变化范围0.37~0.75,表明从气象干旱到水文干旱普遍存在历时延长的现象。各流域的干旱相对亏缺比均小于1,在0.33~0.87之间变化,这表明从气象干旱到水文干旱普遍存在水分亏缺总量增强的现象。与历时、相对亏缺的干旱严重程度量化特征相反,从气象干旱向水文干旱发展的过程中,反映干旱内在发展过程的干旱发展速度和恢复速度呈现削减的变化,速度比均大于1。速度削减也可作为干旱传递的重要特征之一,对干旱传递中旱情发展/恢复特征的认识起到补充作用。

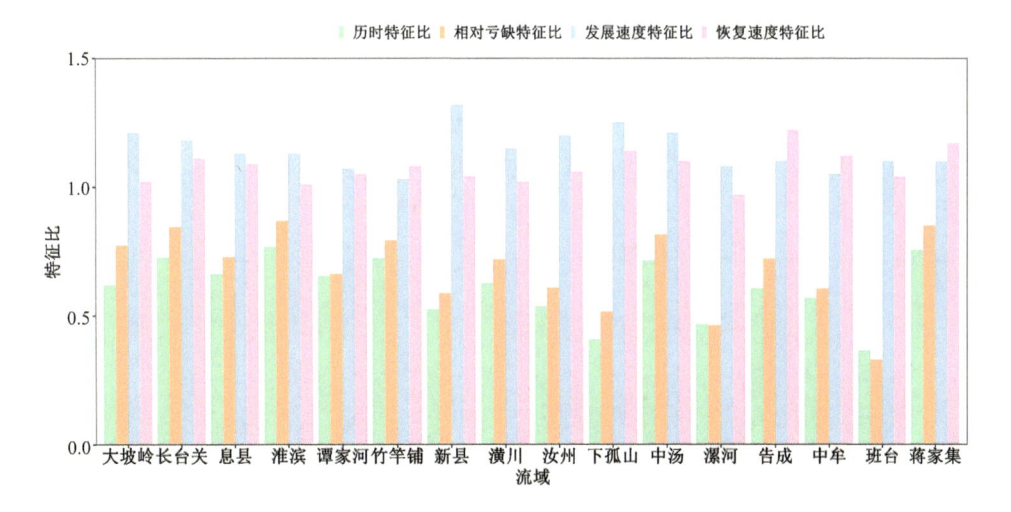

▲ 图 3-16　研究流域干旱历时、相对亏缺、发展/恢复速度特征比

对于干旱传递过程中干旱严重程度的变化情况，基于不同的特征表征研究者得到不同的结论：Wu 等（2016）以 SPEI 及 SRI 对中国东南部气象干旱及水文干旱特征对比时发现 SPEI 与 SRI 反映的 2009—2010 年极端干旱事件特征具有相似性，SPEI 值大于 SRI 值，这表明从气象干旱到水文干旱存在强度衰减的效应；Yang 等（2017）计算干旱历时内降水（径流）量与平均降水（径流）量的偏差作为干旱严重程度的表征，为确保流域间的可比性，将差值除以多年日均值作为干旱烈度，将干旱烈度与历时的比值作为干旱强度分析发现，与气象干旱相比，水文干旱烈度和强度均高于气象干旱，即气象—水文干旱强度与烈度均增强；Liu 等（2019）基于 SPEI 和 SRI 累积和反映气象干旱和水文干旱的严重程度，结果显示从气象干旱向水文干旱传递存在衰减的效应。基于 SPI 和 SRI 以相对亏缺的指标量化干旱严重程度变化特征，结果表明，整体而言气象干旱向水文干旱传递时相对亏缺是增加的，也就是说，虽然干旱期间水分亏缺的最大异常值存在坦化的现象，但由于流域内水文干旱历时大于气象干旱，水文干旱的水分亏缺相较于气象干旱更严重。

2. 时滞效应量化

水文干旱对气象干旱存在明显的时滞效应，通常滞后于气象干旱发生，可采用干旱传递时间进行定量表征。以大坡岭和漯河水文站以上流域（分别反映相对天然和人类活动影响下的状况）为例，选择最常用的三种计算传递时间的方法，即最大皮尔逊相关系数法（MPCC）、匹配干旱事件时间差法以及小波互相关法，通过对比不同方法所得传递时间的差异，探讨合理的量化气象干旱向水文干旱传递中时滞效应的方式，三种方法所得的传递时间如图 3-17、3-18、3-19 所示。

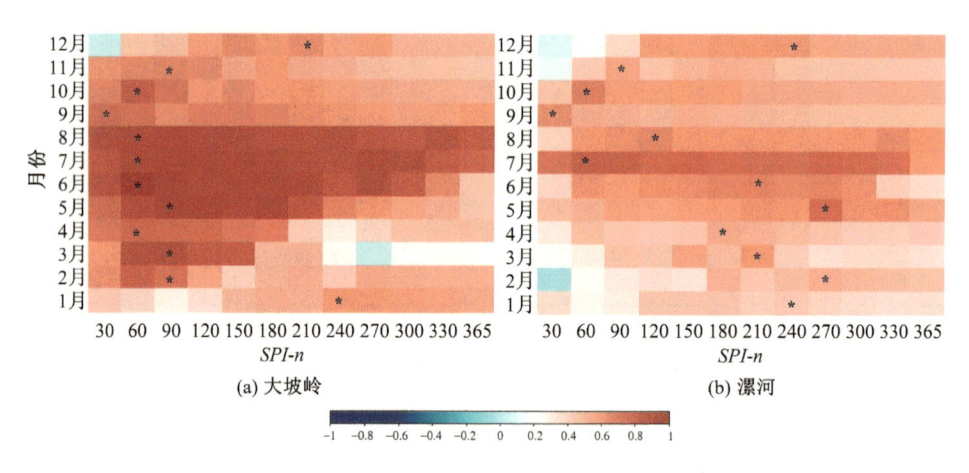

▲ 图 3-17　大坡岭及漯河流域最大皮尔逊相关系数指示的传递时间

注：＊为该月传递时间

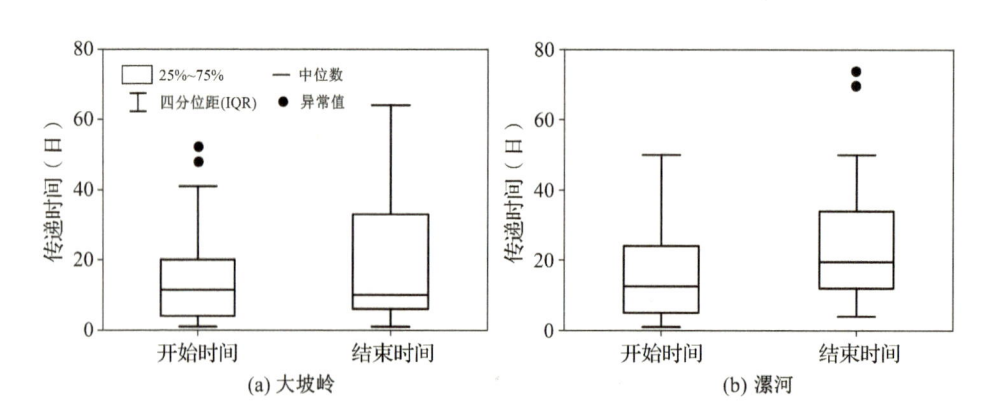

▲ 图 3-18　大坡岭及漯河流域匹配干旱事件时间差异指示的传递时间

(a) 大坡岭　　　　　　　　　　(b) 漯河

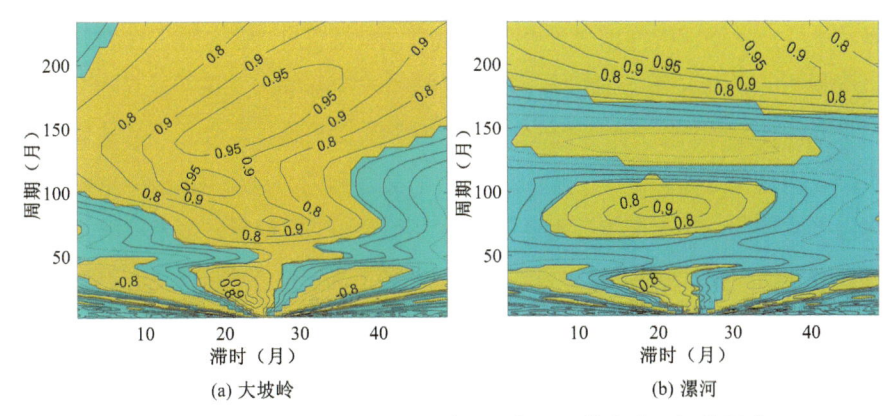

▲ 图 3-19　大坡岭及漯河流域 SRI 与 SPI 的小波互相关图谱

三种方法所得干旱传递时间具有显著差异，图 3-17 显示在大坡岭流域，MPCC 所得不同月份的传递时间分别为 30~240 日，在漯河流域则为 30~270 日，呈现出春冬长、夏秋短的季节性特征。如图 3-18，30 日尺度下，大坡岭流域匹配的气象—水文干旱传递事件的开始和结束时间差异均值分别为 19 日、26 日，漯河流域开始和结束时间差指示的传递时间分别为 23 日和 28 日，由于气象干旱向水文干旱传递过程的延长效应，一般开始时间差异略小于结束时间差异。而小波互相关图谱（图 3-19）显示，大坡岭流域 SRI 与 SPI 在 120~200 个月周期尺度上相关系数最高，时间为 15~35 个月，漯河流域 SRI 与 SPI 在 200 个月以上周期尺度具有 10~35 个月的响应时间。

线性相关分析本身并不是气象干旱与水文干旱联系的本质体现，MPCC 获取的传递时间不是真正意义上的干旱传递时间，而是流域整体的径流过程（包括快速流以及响应较慢的壤中流等）对降水的响应时间，所以计算所得的传递时间也被称为响应时间（Response time），涵盖了响应较快的洪水事件与响应较慢的干旱事件，但这种方法忽略了干湿事件的响应快慢以及季节性差异，尤其对于季节性变化大的流域并不适用；同时在研究时段内剧烈的人类活动可能改变长序列间的相关关系，例如，Zhang 等（2015）对淮河支流沙颍河两个水库的研究显示，水库的调节作用导致径流对降水变化的响应关系发生明显改变，径流与降水变化的响应时间由不到 1 个月延长到 6~7 个月，基于长时间序列所得的传递时间相对固定，并不能反映气象干旱与水文干旱间的动态响应关系。小波分析等非线性方法也没有反映出干旱在水文循环不同组分间传递的驱动特征,小波互相关以及小波分析揭示的周期成分间的响应时间长达几年,更适用于在大尺度层面揭示两者间的成因联系。匹配干旱事件时间差法仅需考虑气象干旱与水文干旱的时间交集,所得的传递时间并不固定,这是由于水文干旱对气象干旱的响应是流域下垫面、气候、与流域调蓄作用相关的复杂水文过程的共同作用结果,这种非线性的响应关系导致每次干旱传递事件的传递时间并不是固定值。虽然三种方法计算所得结果各不相同,匹配干旱事件时间差法更被推荐作为传递时间的定量方式,首先在三种方法中关联事件时间差异所得的传递时间相对较短,可作为旱情预警预测的时间下限,其次这种方法能反映水文干旱对不同严重程度气象干旱的响应敏感性,不同降水亏缺的程度和流域前期水分条件下传递时间不同,反映出气象干旱向水文干旱传递的动态响应关系,可以为科学防灾策略的制定提供参考。

各流域气象干旱向水文干旱的传递时间如图3-20所示。从图中可以看出,水文干旱对气象干旱的响应表现出了较为显著的滞后性,传递时间在1~69日之间。传递时间最短的是谭家河流域,为1~19日,流域面积小且位于山区,接近天然条件,在谭家河流域能采取应对措施缓解水文干旱的时间更少。中牟流域传递时间最长,班台和漯河流域的干旱传递时间也较长,在人类活动强度大的流域,取、用水和水库调蓄等对流域产汇流过程的影响大,传递时间相应增长。气象干旱引发水文干旱的概率低。水文干旱在无气象干旱条件下发生概率高的流域,气象干旱向水文干旱的传递时间也较长。

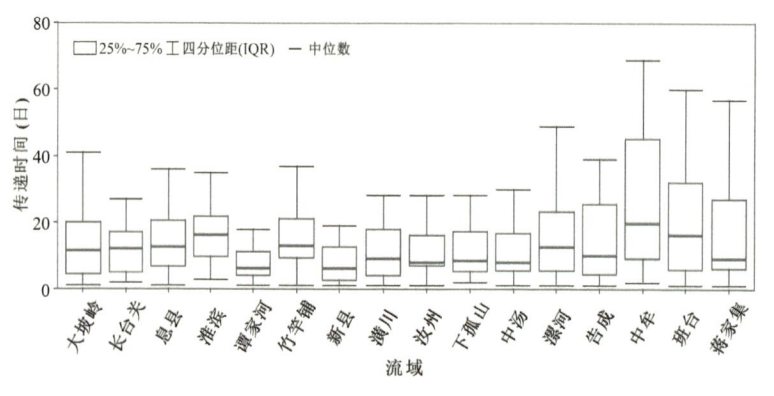

▲ 图3-20 研究区各流域气象干旱向水文干旱传递时间

3.3　气象—地下水干旱的传递

地下水干旱是地下水大量开采或地下水系统受干旱的影响补给量减少,导致地下水水位和排泄量低于正常值的现象。短期内的降水减少不会对地下水产生影响,当降水持续减少较长时间后才会使得地下水发生变化,所以地下水干旱较为严重并且被认为是比较彻底的干旱,对流域生态环境往往造成较大的影响,因此本小节对流域地下水干旱特征以及气象—径流—地下水干旱的传递关系进行研究,以期形成气象干旱向径流表征以及地下水埋深表征的水文干旱传递的系统认识。为与上文的水文干旱进行区分,在本小节中以径流干旱代指上文中分析的水文干旱。

3.3.1　地下水干旱特征

3.3.1.1　地下水埋深特征

研究区内的地下水埋深监测井分布如图3-1(a)所示,监测对象均为潜水,可直接接受大气降水和渠水的入渗补给。图3-21为流域地下水埋深监测井地下水埋深的多年均值以及季节均值分布,不同监测水井的地下水埋深具有较大差异,地下水埋深最浅为1.5 m,最深可达18 m,其中位于西北部的流域地下水埋深相对较大,干流流域地下水埋深相对较小。所选站点地下水埋深整体呈现季节性变化特征,即6—9月地下水埋深呈下降趋势,11月—次年4月地下水埋深逐渐上升,这种季节性变化表明大气降水是研究流域内浅层地下水的主要补给来源。流域内地下水埋深的变化主要受降水补给以及灌溉等开采利用的影响。流域内种植农作物以夏玉米、冬小麦为主,在10—次年2月、3—5月播种期对水分要求高,地下水埋深呈上升趋势,在6—9月,大气降水集中补给加上开采利用减小,地下水埋深相应下降。

通过MK检验分析各流域监测井地下水埋深的变化趋势,MK检验统计量Z的正负分别代表上升和下降趋势,绝对值大于1.65、1.96和2.576分别代表趋势达到0.1、0.05和0.01的显著性水平。图3-22为流域内部分监测井地下水埋深的时间序列,由于部分监测井地下水埋深有个别年份缺测的情况,

(a) 地下水埋深均值分布

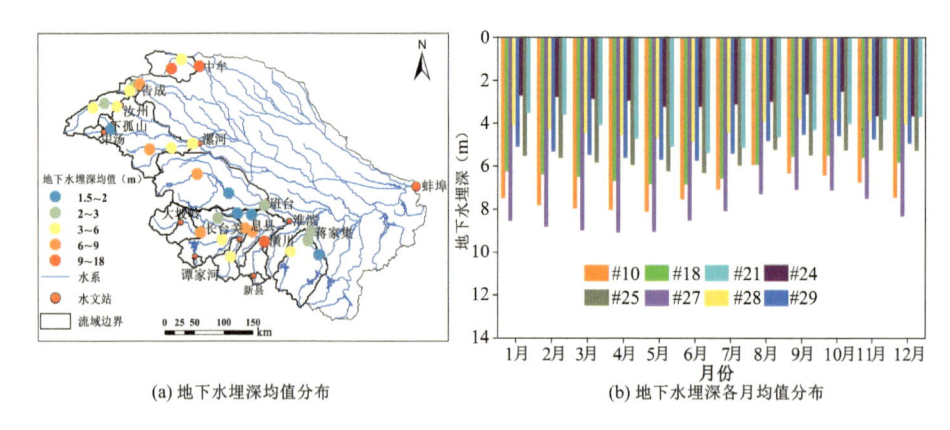

(b) 地下水埋深各月均值分布

▲ 图 3-21　水文站地下水埋深均值分布及变化特征

注：标号与表 3-2 中一致。

因而未在图中列出。从图中可以看出除漯河流域外，地下水埋深均呈现较显著的上升趋势，这与流域内地下水的过度抽取与开采有关，而漯河流域地下水埋深出现显著下降，分析其原因与漯河市多年来加强地下水资源持续管理有关，根据 1999—2014 年《河南省水资源公报》，1999—2014 年漯河市地下水用水量有下降趋势，地下水开采量逐年减少，这可能是流域内地下水埋深有所减小的原因。

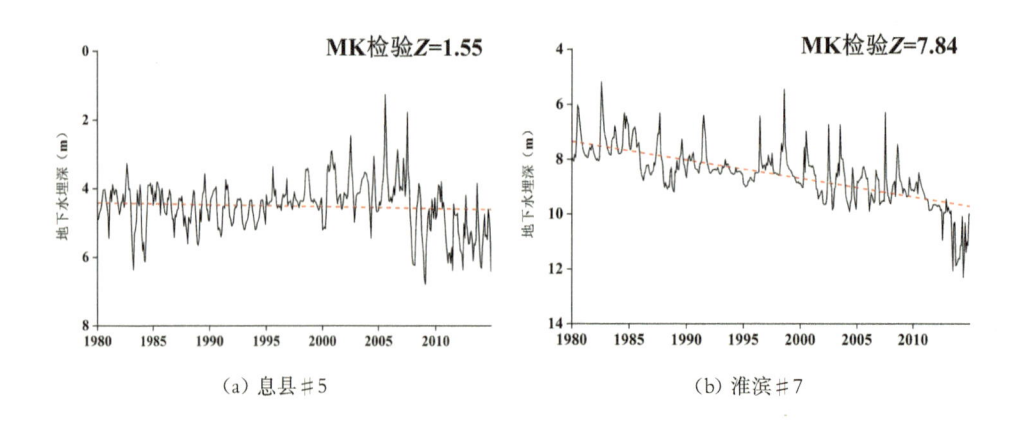

(a) 息县♯5

(b) 淮滨♯7

(c) 班台#12　　　　　　　　　　　　　(d) 漯河#28

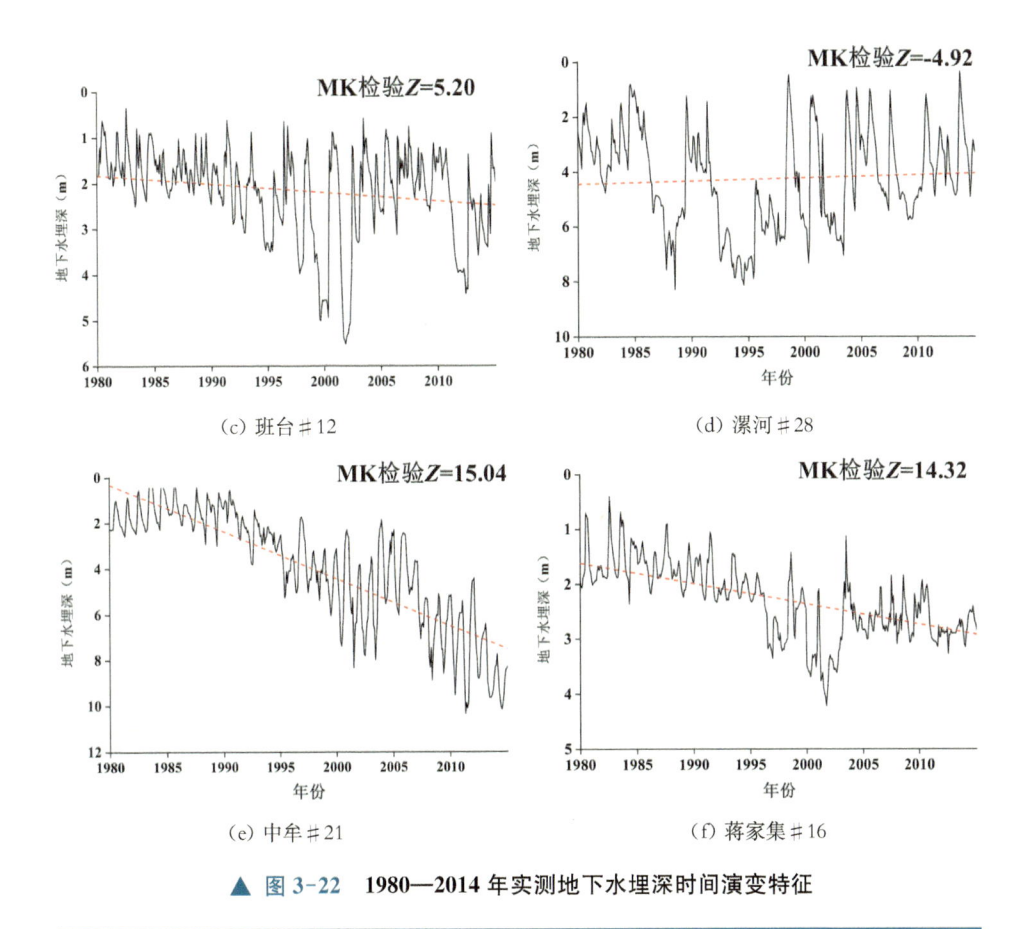

(e) 中牟#21　　　　　　　　　　　　　(f) 蒋家集#16

▲ 图 3-22　1980—2014 年实测地下水埋深时间演变特征

3.3.1.2　标准化地下水埋深干旱指数

由于地下水埋深序列存在显著的变化趋势,其统计参数呈现明显的非一致性特征,即随时间发生变化,因而在进行地下水干旱评估前先对地下水埋深序列进行去趋势处理,通过对时间序列拟合线性模型估计线性趋势,将原始序列与线性趋势相减,得到去趋势的地下水埋深时间序列,将其作为一致性序列进行地下水干旱评估。基于去趋势地下水埋深序列通过构建标准化地下水埋深干旱指数(Standardaized Groundwater Depth Index,SGDI)反映地下水的盈亏状况。首先对长序列月平均地下水埋深 $GD = (GD_1, GD_2, \cdots, GD_i, \cdots, GD_n)$ 服从的概率分布函数进行拟合,2.2.1 节中的候选理论概率分布均为偏态,因而在 2.2.1 节偏态概率分布的基础上增加正态分布(NOR)作为候选,拟合优度检验结果如表 3-8 所示,从中可以看出正态分布拟合月平均地下水埋深的效果最好。

表 3-8　月平均地下水埋深理论概率分布拟合

理论概率分布	p-value	AIC 指示最优比率(%)
GAM	0.74	8.2
WEI	0.83	11.3
GEV	0.91	27.5
PE3	0.85	13.6
TWE	0.76	9.4
NOR	***0.95***	***30.0***

注：表中粗斜体代表拟合最优的理论概率分布函数。

借鉴 SPI 的算法，基于地下水埋深的均值和标准差将其正态标准化后得到 SGDI 值，SGDI 的计算如下：

$$SGDI_{i,j} = \frac{\overline{GD_j} - GD_{i,j}}{\sigma_{GD_j}} \quad (3-15)$$

式中，$SGDI_{i,j}$ 为第 i 年第 j 月的地下水埋深干旱指数值（$j=1 \sim 12$）；$GD_{i,j}$ 为第 i 年第 j 月的地下水埋深(m)；$\overline{GD_j}$ 为第 j 月的地下水埋深均值(m)；σ_{GD_j} 为第 j 月的地下水埋深标准差。采用均值减去地下水埋深除以标准差的方法是为了将地下水埋深序列转化为无量纲化指数，便于与气象干旱指数、水文干旱指数对比，对于同一站点地下水埋深越高即地下水位越低，越可能处于干旱状况，在计算时与通常的处理方式（数据减去均值）相反。SGDI 服从标准正态分布，采用与 SPI 一致的干旱等级划分标准（表 2-2），基于阈值法（3.2.2 节），以 -1 为阈值识别地下水干旱事件。

3.3.1.3　地下水干旱特征

图 3-23 给出了平原区淮滨、漯河流域的 SGDI 时间序列及识别出的地下水干旱事件，从图中可以看出，地下水干旱事件主要发生在 1988 年、1993—1995 年、1999—2000 年、2002 年及 2014 年，以上严重干旱年份与表 3-1 中气象及径流表征的水文干旱重大旱情年份有所重合或稍有滞后，这表明构建的 SGDI 对揭示流域地下水干旱特征具有一定的合理性。

第三章 基于观测的气象—水文干旱传递特性分析

▲ 图 3-23 典型流域 SGDI 时间序列

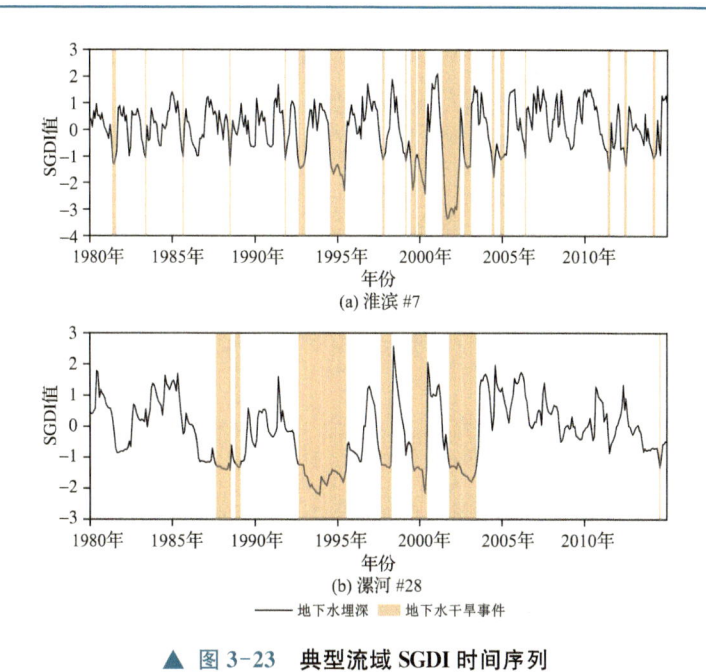

各流域地下水干旱特征如表 3-9 所示。从表中可以看出,地形平坦的漯河、中牟、班台以及蒋家集流域地下水干旱历时较长、相对亏缺较大但干旱频次相对较低,历时均值均大于 10 个月,相对亏缺均值均大于 30,最长历时和最大相对亏缺均发生在中牟流域;位于山区的汝州和告成流域地下水干旱发生频次较高,但历时(平均历时和最长历时)较短,最大相对亏缺较小。对比气象干旱和水文干旱特征,地下水干旱历时可长达数月甚至数年,远长于气象干旱和水文干旱,但地下水干旱相对亏缺较小,这是由于研究时间步长不同导致的。本研究分析气象及水文干旱为逐日累积,而地下水干旱的时间步长为月,因而地下水干旱与上文中的气象及水文干旱相对亏缺并不可比。

表 3-9 流域地下水干旱特征

流域	干旱频次	平均历时（月）	最长历时（月）	平均相对亏缺	最大相对亏缺
长台关	4	9.25	16	24.02	44.42
息县	5	7.6	12	21.49	46.64

(续表)

流域	干旱频次	平均历时（月）	最长历时（月）	平均相对亏缺	最大相对亏缺
淮滨	15	4.93	15	10.54	40.31
竹竿铺	12	7.40	20	20.07	66.08
潢川	8	8.37	23	18.42	50.82
汝州	13	4.62	13	10.89	32.24
漯河	7	12.85	35	30.94	87.41
告成	11	4.18	15	10.47	45.5
中牟	6	14.67	36	35.43	123.01
班台	6	10.33	15	30.97	49.9
蒋家集	6	13.33	22	36.23	60.15

3.3.2　气象—地下水干旱传递类型

地下水的变化缓慢，对降水的响应时间往往更长，因而计算 30～730 日时间尺度 SPI 和 SRI，并取每月最后一日的 SPI 及 SRI 作为该月干旱指数值，分析径流和地下水表征的水文干旱对气象干旱的响应关系，将最大皮尔逊相关系数指示的 n、m 作为地下水埋深对降水、径流整体过程的响应时间，并将 n、m 与 SGDI 识别所得的干旱事件进行关联性分析。MPCC 指示的地下水对降水及径流整体过程的响应时间如图 3-24 所示。从图中可以看出，地下水埋深对降水的响应时间为 7～24 个月，对径流的响应时间为 4～10 个月，地下水埋深对气象干旱的响应时间长且更为滞后。在地形平坦的漯河、中牟以及蒋家集流域，受水利工程调蓄以及高强度的人类活动的影响，地下水埋深对降水和径流的响应时间具有较大差异。

径流表征的水文干旱在此简称为径流干旱。基于地下水埋深响应时间对应的 n 分析气象—径流—地下水干旱的对应关系。总体上，气象—径流—地下水干旱的对应关系最常见的有四种情形：一是气象、径流、地下水干旱均发生，二是未发生气象干旱及径流干旱、地下水干旱发生，三是气象干旱发生、径流干旱及地下水干旱不发生，四是未发生气象干旱及地下水干旱、径流干旱发生，其中第四种情形多为持续 1 个月的短历时干旱事件，是气象—水文干旱传递关系的类型Ⅲ，在此不作进一步分析。图 3-25 给出了前三种情形的具体实例。

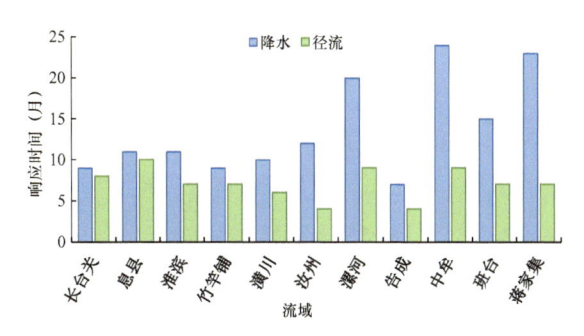

▲ 图 3-24　地下水埋深对 SPI 表征的降水及 SRI 表征的径流的响应时间

(a) 气象、径流、地下水干旱均发生

(b) 气象、径流干旱未发生，地下水干旱发生

(c) 气象干旱发生，径流干旱、地下水干旱未发生

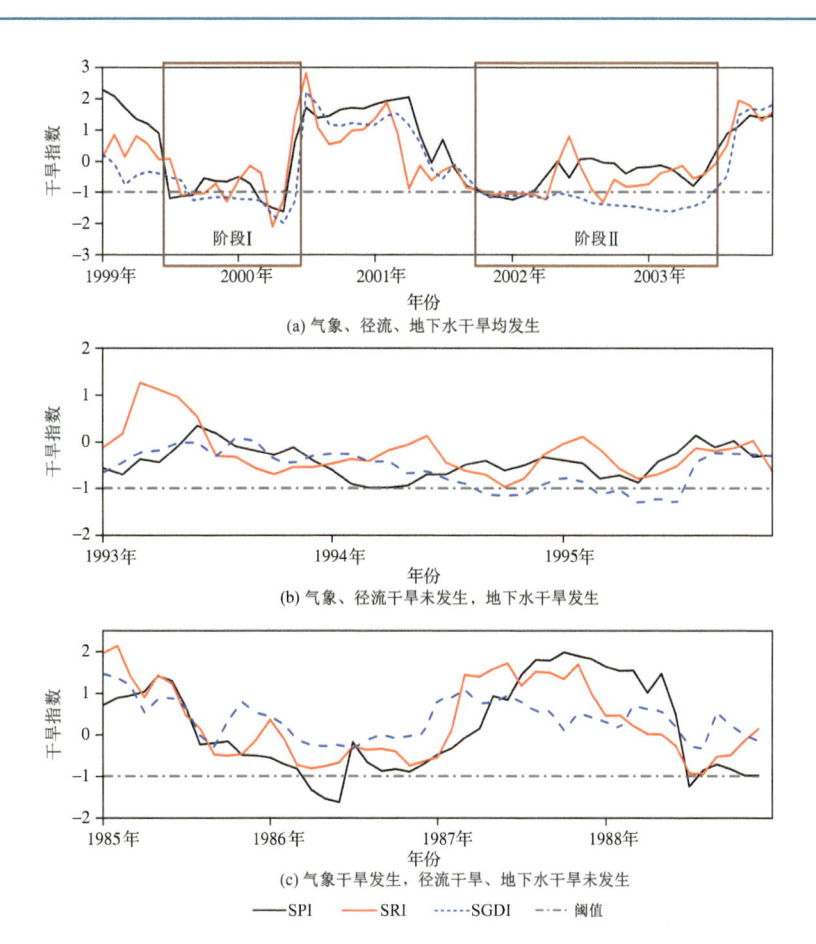

——— SPI　——— SRI　------ SGDI　—·— 阈值

▲ 图 3-25　典型气象—地下水干旱事件时段[(a)为漯河流域；(b)(c)为淮滨流域]

图 3-25(a)为气象、径流、地下水干旱均发生,进一步细分又可分为气象干旱、径流干旱、地下水干旱先后发生(阶段Ⅰ)以及气象、径流、地下水干旱同时发生(阶段Ⅱ)。阶段Ⅰ发生在 1999 年夏季,是地下水受补给季节,气象干旱引发径流干旱,持续性降水亏缺导致地下水干旱形成,地下水干旱分别滞后气象干旱和径流干旱 2、1 个月,气象干旱和径流干旱分别持续 3、5 个月,而夏季降水的亏缺导致地下水无法得到充足补给持续发展未能恢复,2000 年春季的气象、径流干旱导致地下水干旱进一步发展,直至 2000 年 6 月降水增多地下水干旱才得以解除,地下水干旱历时长达 10 个月。阶段Ⅱ发生在 2001 年冬季,是地下水消耗季节,气象干旱、径流干旱、地下水干旱同时发生,分别持续 4、6、20 个月。2002年春季气象干旱、径流干旱得到短暂的补给得以解除,但仍显示为偏干状态,地下水干旱持续发展,直至 2003 年夏季才得以解除。当流域经历长期的极端干旱时,气象干旱和径流干旱已经解除,但地下水干旱依然长期存在。

图 3-25(b)为气象与径流干旱未发生、地下水干旱发生的情形,发生在 1994年冬季以及 1995 年春夏。在干旱前降水、径流以及地下水埋深持续处于偏枯的状态(干旱指数值小于 0),地下水系统本身已有缺水的先兆,加上气象干旱虽未发生但干旱指数接近阈值,最终地下水干旱发生。

图 3-25(c)为气象干旱发生,径流干旱、地下水干旱未发生的情形,气象干旱发生在 1986 年春季。干旱前期径流及地下水处于偏丰状况,可以弱化气象干旱的影响,并可避免发生气象干旱向水文干旱的传递。

3.4 小结

本章构建了气象—水文干旱传递特性量化分析框架,基于站点实测数据确定干旱指数的最优概率分布、干旱识别的合并间隔时间等关键参数。进一步地,构建地下水干旱指数,探讨了地下水干旱特征以及气象—径流—地下水干旱的传递关系。本章主要结论如下:

(1) 三参数广义极值分布对 SRI 计算中累积径流序列的拟合最佳,阈值法识别干旱中干旱合并间隔时间这一参数对干旱特征提取具有明显影响,气象干旱与水文干旱事件合并间隔时间 t_c 应取为 10 日较为合理。气象干旱与水文干旱的发展与恢复过程具有非对称性,即相较于恢复期,水文干旱和气象干旱的发展期历时更长、速度更为平缓。

(2) 根据气象干旱与水文干旱时间交集特征将气象—水文干旱传递事件分为三类:①气象干旱引发水文干旱(类型Ⅰ),可划分为一场气象干旱引发一场水文干旱和多场气象干旱合并引发水文干旱,其中后者仅占 22%;②发生气象干旱但未发生水文干旱(类型Ⅱ),是气象干旱程度较弱或是流域前期径流量偏丰造成的;③未发生气象干旱但发生水文干旱(类型Ⅲ),大多数是由于流域前期径流量偏枯再加上气象条件虽未形成干旱但处于偏干状况,也可能是水利工程或大规模灌溉用水导致出现短暂的水文干旱,水文干旱一般历时短、严重程度弱。

(3) 各流域类型Ⅱ发生概率的分布与类型Ⅲ发生概率的分布较为一致,与类型Ⅰ则相反;随着水文干旱事件特征的增大,气象干旱引发水文干旱的阈值也相应增加;通过对比最大相关系数法、匹配事件时间差及小波互相关所得的传递时间的合理性,选择匹配事件时间差异计算流域内气象干旱向水文干旱的传递时间,流域内气象干旱向水文干旱传递时间为 1~69 日不等,在中牟、班台等类型Ⅰ发生概率低的流域传递时间也较长,传递特征比和传递时间显示类型Ⅰ存在滞后、历时延长、水分亏缺增强和速度削减的特征。

(4) 所选站点地下水埋深主要受降水补给,除漯河流域外地下水埋深均呈现显著上升趋势,与流域内地下水的过度抽取与开采有关。标准化地下水埋深干旱指数 SGDI 显示地下水干旱事件与典型干旱年份重合程度较高,能较好地监测地下水干旱的发生。地下水干旱历时可长达数月甚至数年,远长于气象干旱和径流表征的水文干旱,在漯河和中牟流域地下水干旱发生频次少但历时较长,平均历时长达 13~15 个月。地下水干旱与气象干旱和径流表征的水文干旱也存在明显的非一致性特征。

第四章

基于模拟的气象—水文干旱传递特性分析

基于站点观测得到的数据能准确反映气象干旱与水文干旱的关联性以及非线性响应的特征,并通过对比分析得出量化气象—水文干旱传递特性的合理方法。气象干旱向水文干旱的传递过程受气候、地形等多种因素作用,具有较大的空间异质性,仅靠站点数据较难发现干旱传递的空间分布规律。除此之外,气象干旱向水文干旱的传递不仅仅是降水与径流间的关系,土壤水、蒸散发等流域水文循环的其他水文气象变量在传递过程中具有重要作用,这些中间变量的观测站点较为稀疏,因此需要通过分布式水文模型获取具有空间分布的水文气象变量序列,有效支撑流域干旱评估。干旱具有多时间尺度的特征,前文从单一的短时间尺度构建了气象—水文干旱传递特性分析框架,揭示了短时间尺度气象干旱向水文干旱的传递特性,但其应用于长时间尺度的传递分析是否可用仍需进一步分析。同时,不同时间尺度揭示的干旱特征及传递特性存在一定的差异,利用多时间尺度系统分析气象—水文干旱传递关系有助于深化对干旱传递过程的认识。因此在本章中通过水文模型模拟结合多时间尺度,将前文的气象—水文干旱传递特性量化框架拓展应用至全流域和多时间尺度,从全流域角度揭示传递的多尺度效应和空间分布规律。

本章首先构建流域 SWAT 水文模型,获取时间连续、空间分布较密的地表径流数据;通过 K-means 聚类方法将具有相似降水特征的子流域归为三类,更好呈现降水表征的气象干旱向水文干旱传递的空间分布规律;基于模型模拟结果,应用第三章的传递特性评估框架从干旱特征、干旱传递特性等方面系统分析从气象干旱向水文干旱传递的多尺度时空变化规律。

4.1　SWAT 模型构建与验证

4.1.1　模型构建

SWAT 模型是水文与地理信息系统技术紧密集成的、具有较强物理机制的分布式模型,在世界许多流域包括中国的长江、黄河、淮河等的水文过程模拟、水质评价和水资源管理中得到成功应用并取得了较好的结果。本研究采用分布式流域水文模型SWAT在日尺度上对淮河蚌埠以上流域水文过程进行模拟。SWAT模型需要的输入数据主要是地理空间数据和水文气象数据两类，其中地理空间数据包括流域的数字高程模型(DEM)、土地利用类型、土壤类型及水库数据；水文气象数据主要包括1980—2018年降水、实测流量、气温、相对湿度等。本研究所用到的淮河蚌埠以上流域的地理空间数据和水文气象数据如表4-1所示。淮河流域大、中型水库众多(图4-1)，所以在模型中必须考虑水库模块，对于有实测出流的水库采用直接输入逐日出库流量的方式添加入模型，对于无实测出库流量的水库，将其作为无控制水库加入模型，以年均泄流量的方式参与模拟。综合考虑流域空间地理特征、水文气象站点分布和模型运行效率，将流域划分为58个子流域(图4-1)，利用流域内息县、淮滨、王家坝、班台、漯河及蚌埠水文站的逐日实测流量数据进行参数率定。

表 4-1 构建 SWAT 模型所用数据

类型	数据	分辨率	数据来源
地理空间数据	数字高程模型	90 m	航天飞机雷达地形测绘任务(SRTM)
	土地利用	1 km	全国土地利用类型遥感监测空间分布数据
	土壤	1 km	基于世界土壤数据库(HWSD)的中国土壤数据集
	水库	—	全球水库和大坝数据库
水文气象数据	降水	日	中国区域高时空分辨率地表气象驱动数据集
	实测流量	日	淮河流域水文年鉴
	气温、相对湿度等	日	中国气象数据网

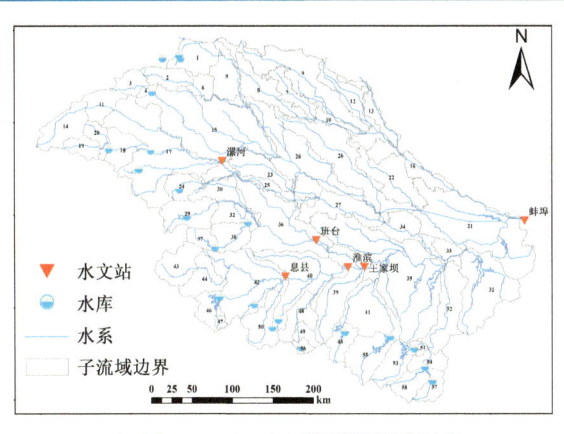

▲ 图 4-1 SWAT 模型子流域划分

4.1.2　模型率定与验证

选择1986—1999年作为率定期,率定期中包括丰水年(1991、1998年)、平水年(1990年)、枯水年(1992、1994、1999年),具有代表性;选择2001—2018年作为模型的验证期,6个水文站在率定期(1986—1999年)和验证期(2001—2018年)的逐日流量模拟和实测过程如图4-2所示。对率定期和验证期的模拟与实测流量过程分析可看出,蚌埠、班台、漯河在率定期和验证期均存在较明显的洪峰被低估现象,但是3个站实测与模拟的年径流差异均小于20%。20世纪90年代末以来,淮河流域夏季极端强降水事件的概率显著增加(魏凤英等,2009),而在模型中对极端强降水的空间异质性考虑不足,再加上流域内众多的水利工

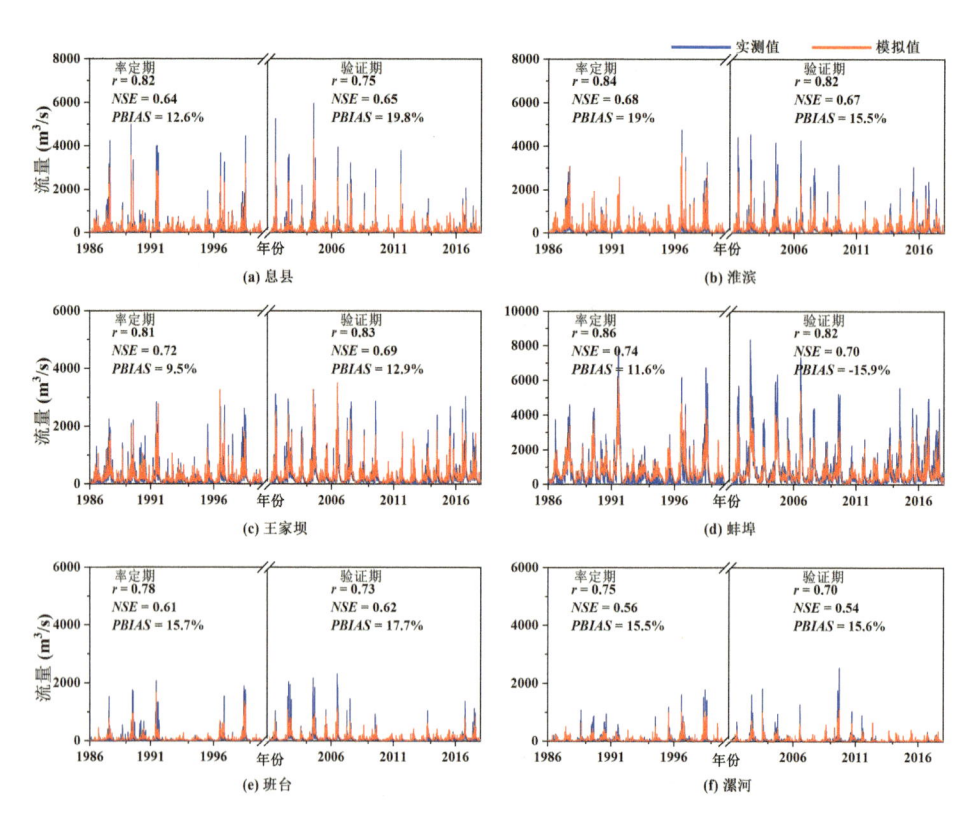

▲ 图4-2　率定期(1986—1999年)及验证期(2001—2018年)实测与模拟逐日径流过程对比

程及复杂的人类活动,可能导致模拟洪峰低估的现象。采用相关系数(r)、纳什效率系数(NSE)和百分比偏差($PBIAS$)作为评价指标评估 SWAT 模型对淮河蚌埠以上流域降雨—径流过程的模拟精度,率定期和验证期模型精度评价指标结果如表 4-2 所示。表中显示,6 个水文站在率定期 $PBIAS$ 均在 ±20% 以内,除漯河水文站外,NSE 均在 0.60 以上。验证期模拟结果相较于率定期略差,但模型精度评价指标仍在合理范围内:6 个水文站相关系数 r 在 0.70~0.83,纳什效率系数 NSE 在 0.54~0.70,$PBIAS$ 均在 ±20% 以内,根据 Moriasi 等(2007)归纳的 SWAT 模型模拟日径流评价指标可靠标准,模型精度评价指标表明 SWAT 模型模拟结果整体可靠。

表 4-2 率定期与验证期模型模拟逐日径流精度评估结果

水文站	率定期			验证期		
	r	NSE	$PBIAS$(%)	r	NSE	$PBIAS$(%)
息县	0.82	0.64	12.6	0.75	0.65	19.8
淮滨	0.84	0.68	19.0	0.82	0.67	15.5
王家坝	0.81	0.72	9.5	0.83	0.69	12.9
蚌埠	0.86	0.74	11.6	0.82	0.70	-15.9
班台	0.78	0.61	15.7	0.73	0.62	17.7
漯河	0.75	0.56	15.5	0.70	0.54	15.6

4.1.3 模型模拟结果分析

4.1.3.1 水文气象变量趋势分析

基于模型模拟结果分析研究时段内降水量、实际蒸散发量、土壤含水量、基流量及径流量的趋势性变化,图 4-3 给出了水文气象变量月序列 MK 检验统计量 Z。图中显示大部分子流域在 0.05 显著性水平下水文气象变量月值变化趋势不显著,降水量在 3、4 月分别有 25%、50% 的子流域在 0.05 显著性水平具有上升、下降趋势,但在 0.01 显著性水平下趋势不显著;实际蒸散发量在 2、3、4 月分别有 25%、60%、50% 的子流域在 0.01 显著性水平具有上升趋势,8、9 月分别有 15%、50% 的子流域在 0.01 显著性水平显著下降;土壤含水量在 1、3、6 月分别有 20%、70%、22% 的子流域在 0.05 显著性水平具有下降趋势,在 2、7 月分别有 18%~20% 的子流域在 0.05 显著性水平上升,但在 0.01 显著性水平下仅 3 月有 5.2% 的子流域具有下降趋势,其余均不显著;基流量与径流量的变化趋势较为一致,在 1、2 月有 17%~22% 的子流域在 0.01 显著性水平具有下降趋势,其余子流域水文气象变量的趋势均不显著。

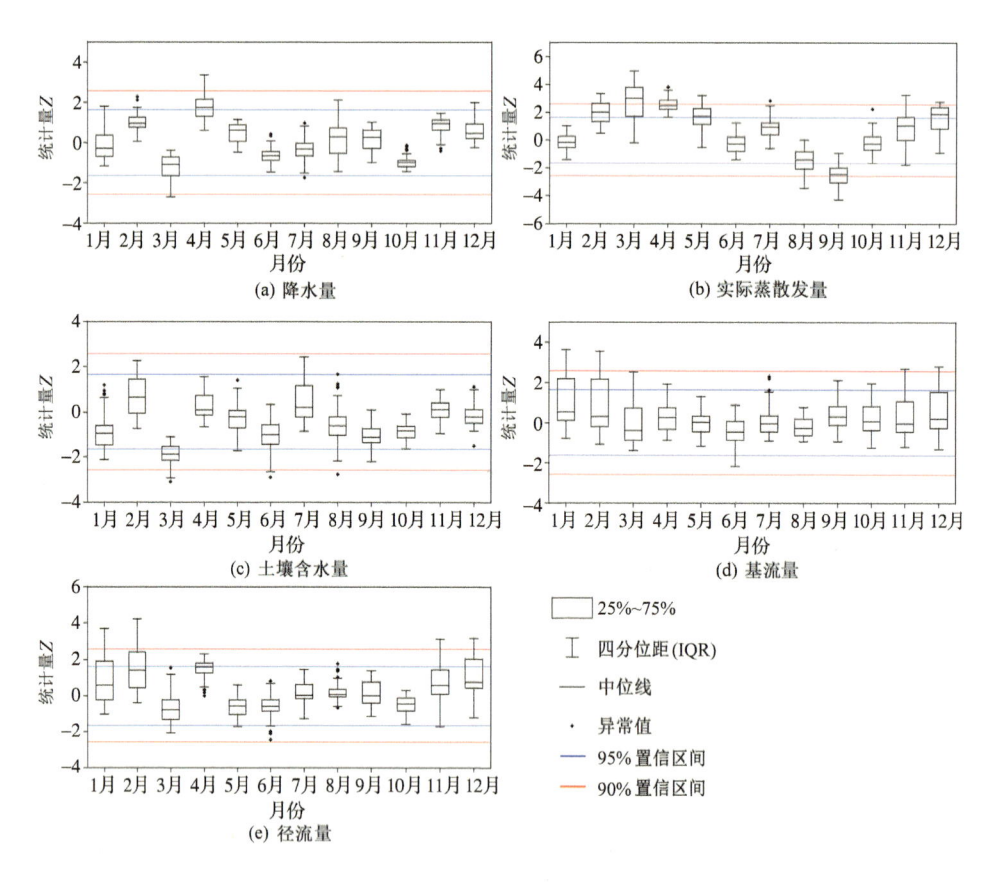

▲ 图 4-3 水文气象变量月序列 MK 检验统计量 Z

4.1.3.2 历史旱情验证

以 1999 年干旱为例,对比模型模拟径流指示干旱与实际旱情的空间分布,验证模型模拟的合理性。在 1999 年中国干旱灾害严重区域中,研究区 6—9 月均受严重干旱影响,相应地提取同一时期 SPI 与 SRI 的空间分布特征进行对比,如图 4-4(b)所示。流域大部尤其是干流区域遭受了严重干旱，流域北部虽指示为无旱但干旱指数值均小于 -0.5，处于微旱或者轻旱的范围，与"中国干旱灾害数据集"的空间分布较一致，总体而言，模型模拟结果能够指示研究区流域大部分在 1999 年 6—9 月发生干旱的情况，模型模拟结果具有一定的可靠性。

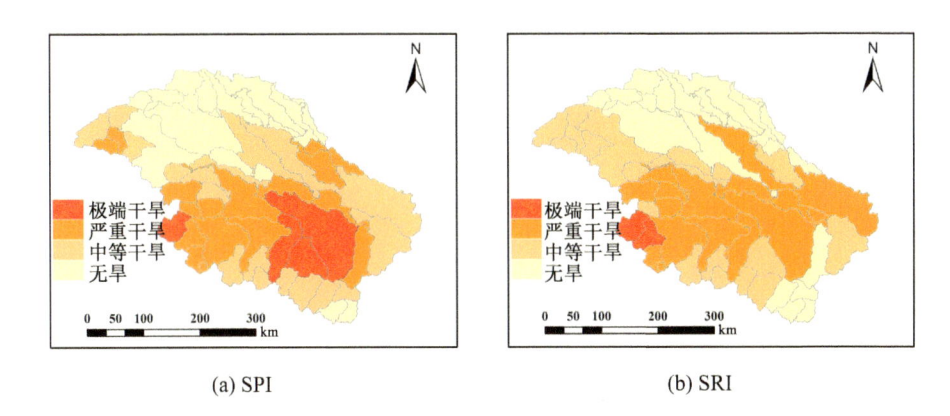

(a) SPI

(b) SRI

▲ 图 4-4　1999 年 SPI 与 SRI 指示干旱空间分布范围与"中国干旱灾害数据集"对比

4.1.3.3　多时间尺度下 SPI 及 SRI 变化趋势

以子流域 40(淮滨子流域)为例，图 4-5 显示了 30 日、90 日、365 日尺度下 SPI 及 SRI 的变化趋势，从图中可以看出，不同时间尺度干旱指数反映的水分异常状态具有显著差异：短时间尺度下 SPI 及 SRI 波动变化巨大，短期累积的水分状况干湿交替频繁，对水分亏缺变化的反映更为灵敏，指示的干旱发生频率高但历时较短，尤其是 30 日尺度。而长时间尺度下 SPI 及 SRI 反映的干湿变化相对稳定，其变化周期明显，但变化幅度相对较小，由于长期累积的水分状况不能对短期补给或亏缺的水分及时反映，指示的多为长历时干旱事件且发生频率较低，流域大旱年份如 1986、1992、1999、2001、2014 年等在长时间尺度序列中均有指示。从图中也可看出长时间尺度下的一个干旱事件往往对应短时间尺度的多个干旱事件，如在典型的大旱 1999—2001 年期间，短时间尺度下 SRI 指示多个小干旱事件发生，而在长时间尺度上，多个小干旱事件合并为一场大的干旱事件。此外，在短时间尺度下，SPI 相较于 SRI 变化更为剧烈，但在更长的时间尺度下 SPI 与 SRI 指示干湿变化趋于同步。有些较轻的干旱也许只是单一时间尺度的干旱事件，而重大干旱大多都是多个时间尺度叠加或转换形成的，多时间尺度综合分析可以更全面地反映流域内水分动态变化，更有效地识别流域干旱状况。

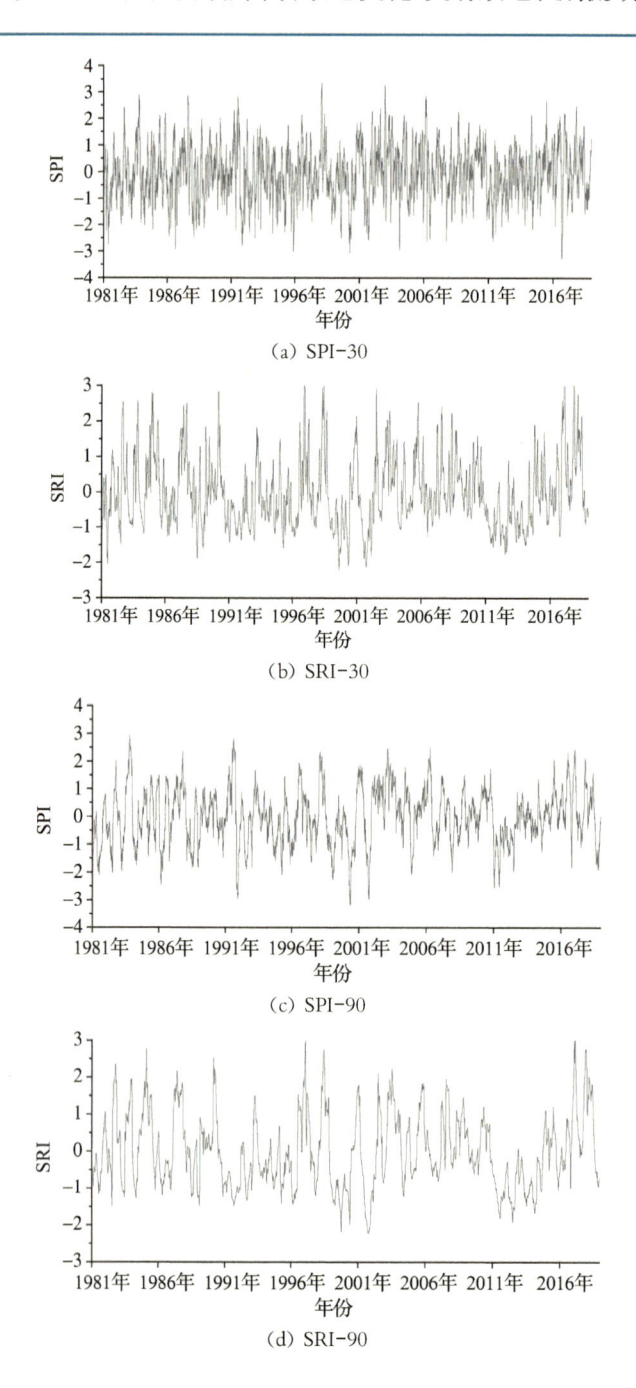

(a) SPI-30

(b) SRI-30

(c) SPI-90

(d) SRI-90

(e) SPI-365

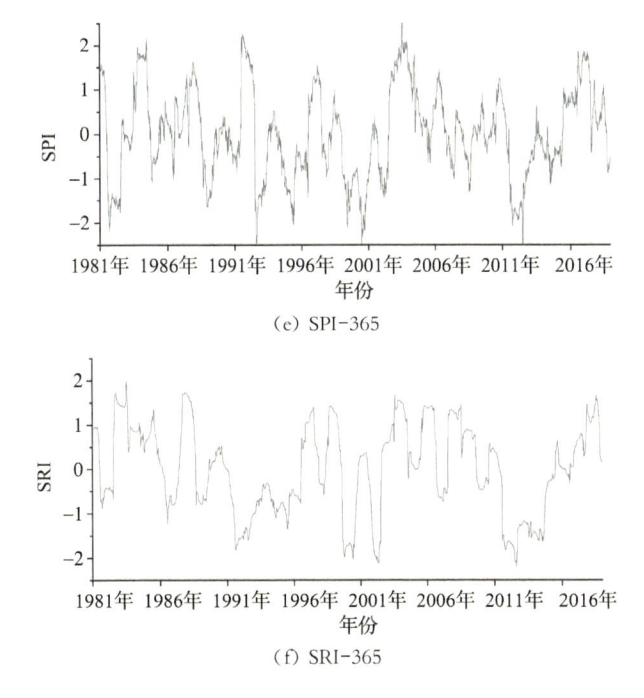

(f) SRI-365

▲ 图 4-5　子流域 40(淮滨子流域)不同时间尺度下 SPI 及 SRI 时间序列变化

4.1.4　流域空间分区

淮河蚌埠以上流域地处中国南北气候过渡带,降水量的空间分布极不均匀,为更系统明晰流域内气象干旱向水文干旱传递特征及不同水分要素在传递过程的重要性,采用 K-means 聚类方法依据降水特性对流域进行分区。K-means 是一种经典聚类方法,其聚类的依据是同一组内对象之间的相似程度尽可能最大,而不同组间对象的相似程度尽可能小。根据轮廓系数判定分为三类时聚类效果最好,因而利用 K-means 聚类方法基于降水的量级及季节指数(Seasonality Index,SI)进行分区,最终将流域划分为三个区域[图 4-6(a)]。

图中区域 A 包括支流沙颍河上游和涡河上游的子流域,位于流域北部,年平均降水量区域均值为 722 mm,$SI>0.6$,降水具有较强的季节性特征,地形主要是山区和平原,子流域平均海拔为 46~814 m,包含了 19 个子流域;区域 B 为颍河下游、涡河下游、洪河及鲁台子至蚌埠区间内干流子流域,位于流域中部,年平均降水量均值为 927 mm,$SI\in[0.5,0.6]$,区域地形主要是平原,子流域平均海拔为22~196 m,包含了18个子流域;区域C是鲁台子以上干流子流域,位于流域南部,涵盖了干流以南区域,年平均降水量均大于1 000 mm,区域均值为1 230 mm,$SI \leqslant 0.5$,地形包括了南部山区和部分平原,子流域平均海拔为39~632 m,包括21个子流域。就流域下垫面特征而言,区域A与区域B平均海拔的中位数较为接近,与区域C有较大差异。

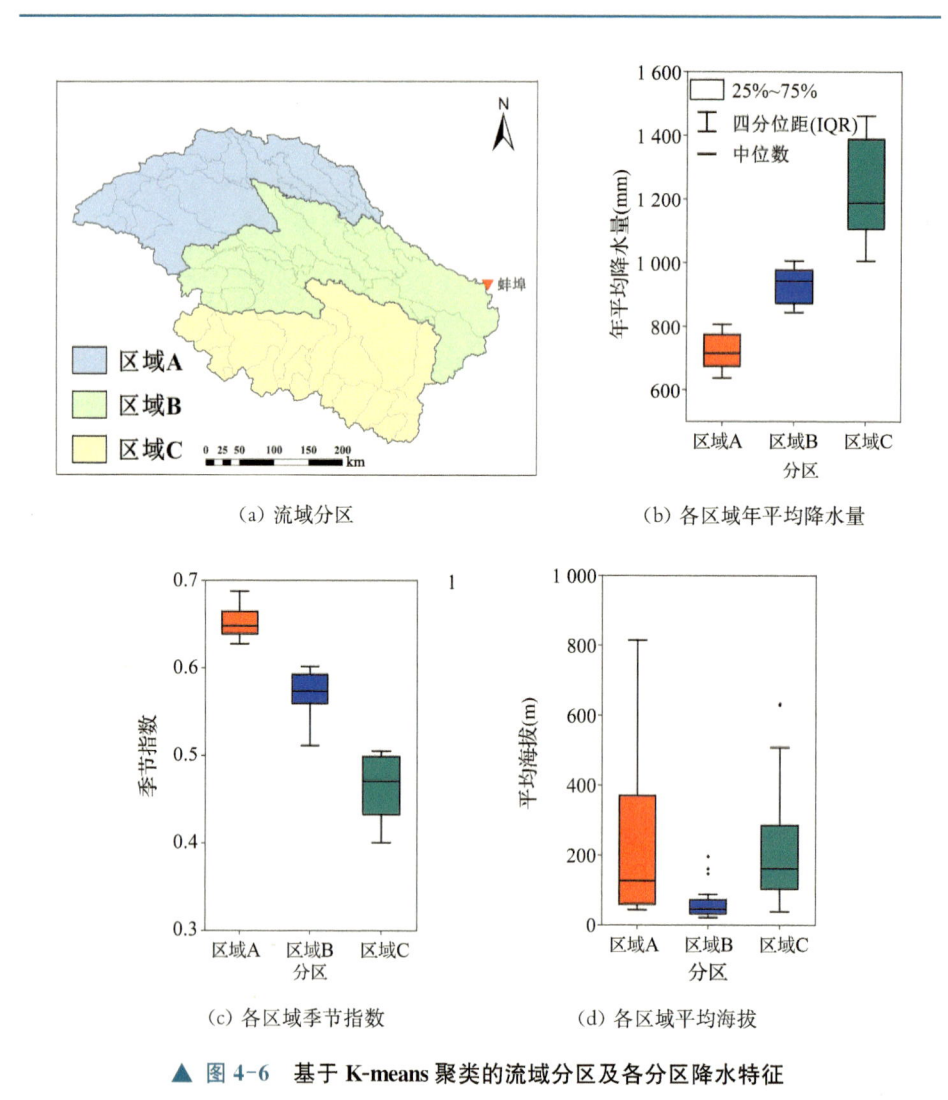

(a) 流域分区

(b) 各区域年平均降水量

(c) 各区域季节指数

(d) 各区域平均海拔

▲ 图4-6 基于K-means聚类的流域分区及各分区降水特征

4.2 基于模型模拟的多时间尺度干旱特征

不同时间尺度下干旱及传递特征的度量方法与3.2节相同,基于模型获取时空连续的水文气象变量序列,便于将传递特性分析框架应用在流域尺度,在更大的时空范围内体现分析方法的合理性。SRI与SPI计算的时间尺度一致,基于"移动窗口法"计算30、90、365日时间尺度(即1月、3月以及12月)的SPI及SRI,采用阈值法识别干旱事件,分别反映月、季、年尺度的气象干旱及水文干旱状况。

4.2.1 气象干旱特征

表4-3显示了不同时间尺度流域三个分区在1980—2018年气象干旱事件发生次数、历时及相对亏缺的统计特征。从表中可以看出,随着时间尺度增长,干旱事件次数越少,但历时增长,相对亏缺增大。在30日尺度下,气象干旱平均历时均小于30日,而在365日尺度下,气象干旱平均历时高达116.29~139.28日,不同分区间的差异较短时间尺度也更明显。从空间分布看,区域A、B间干旱次数、干旱历时和相对亏缺统计特征的差异较小,与区域C间有较大差异:相较于区域A、B,区域C的气象干旱发生次数较频繁,但历时和相对亏缺的均值和最大值均较小。

表4-3 不同时间尺度下各区域气象干旱事件发生频次、历时及相对亏缺

分区	时间尺度(日)	各区域干旱频次	历时(日) 均值	历时(日) 最大值	相对亏缺 均值	相对亏缺 最大值
区域A	30	73	28.87	108.63	16.82	69.89
	90	42	54.12	191.17	21.54	92.62
	365	18	139.28	471.47	29.02	108.87
区域B	30	75	28.26	108.83	16.46	68.45
	90	43	53.11	173.11	20.59	87.56
	365	19	128.35	447.00	24.13	108.28
区域C	30	79	26.95	86.10	16.41	57.75
	90	48	45.76	150.05	18.63	79.61
	365	20	116.29	428.14	22.54	97.81

图 4-7 为不同区域气象干旱历时和相对亏缺的数据分布情况,图中显示短时间尺度下 SPI 识别的干旱事件多为历时短、相对亏缺小的干旱事件,30 日尺度下各分区气象干旱平均历时和相对亏缺分别在 16.8~25.9 日和 14.6~19.7,随着时间尺度的增长,气象干旱的历时增长,相对亏缺增加,365 日尺度下子流域气象干旱平均历时和相对亏缺分别在 54.2~195.9 日、9.6~41.2,且多为历时长、相对亏缺大的干旱事件。在不同时间尺度下干旱特征的差异可解释为由于短时间尺度下 SPI 变化剧烈,在阈值附近上下波动大,导致很多小而短的干旱事件发生,因此短时间尺度气象干旱历时和相对亏缺比长时间尺度小。气象干旱最长历时和最长亏缺均发生在区域 A,最大发生频次在区域 C,气象干旱特征的空间分布规律与流域内降水量的空间分布较为相近,这表明气象干旱特征的差异主要由降水的差异造成的,降水量高的流域气象干旱历时短、相对亏缺更小,但发生次数更为频繁。

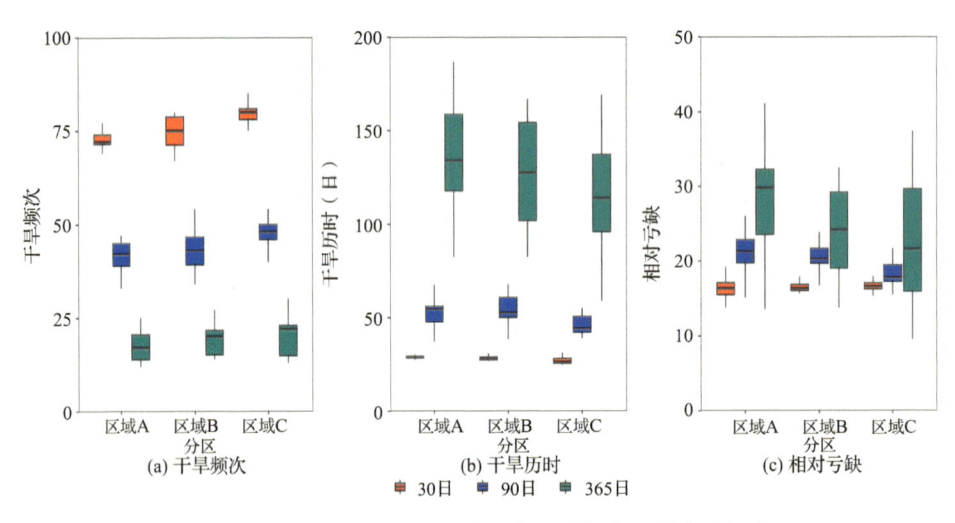

▲ 图 4-7 30、90、365 日尺度下各区域气象干旱发生频次、干旱历时均值、相对亏缺均值箱线图

不同时间尺度的气象干旱发展期和恢复期特征如图 4-8 所示。从图中可以看出,不同时间尺度下,气象干旱发展期与恢复期均具有显著的不对称性,即水分亏缺累积缓慢但亏缺状态解除迅速:30 日尺度气象干旱发展速度在 -2.23~-0.01/日,恢复速度在 1.75~3.49/日,在 365 日尺度下气象干旱发展速度在

−1.41～−0.05/日,恢复速度在1.14～2.91/日;气象发展期历时与恢复期历时的不对称性相对于速度而言较不明显,30日尺度下气象干旱发展期与恢复期历时最长分别为93日和70日,而在365日尺度下最长发展期与恢复期历时分别为397日和380日。随着时间尺度增长,气象干旱发展期历时及恢复期历时逐渐增长,气象干旱发展/恢复速度逐渐减弱,且发展期与恢复期特征的非对称性也随之减弱,这表明长时间尺度水分亏缺累积与解除过程更平缓,从图4-5中的SPI时间序列变化也可以看出,在短时间尺度下干湿交替变化陡涨陡落,但在长时间尺度下的水分变化更为平缓。

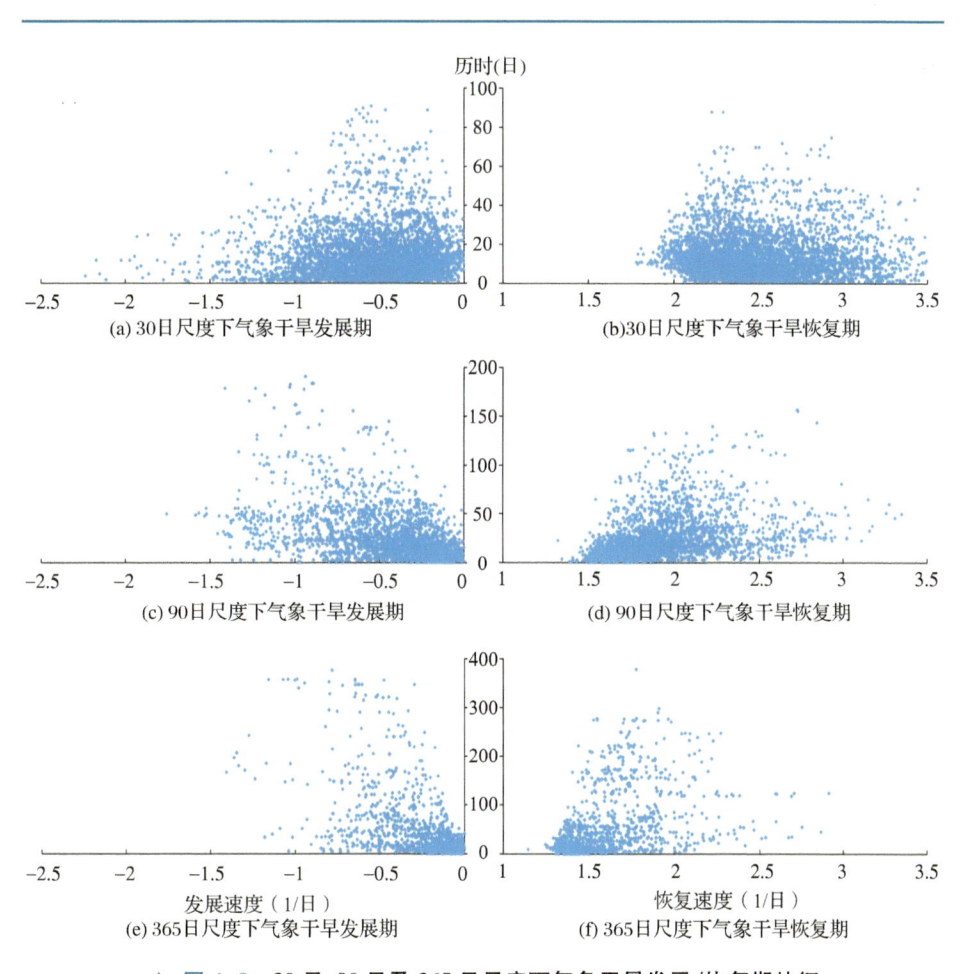

▲ 图4-8 30日、90日及365日尺度下气象干旱发展/恢复期特征

4.2.2 水文干旱特征

表 4-4 为不同时间尺度流域三个分区在 1980—2018 年水文干旱事件发生次数、历时及相对亏缺的统计特征。与气象干旱事件特征变化相似的是,随时间尺度增长,水文干旱历时增长,相对亏缺增大,干旱发生频次则相反:在 30 日时间尺度下水文干旱平均历时约为 44~50 日,平均相对亏缺约为 20.3~30.8,而在 365 日尺度下水文干旱平均历时约为 175~326 日,平均相对亏缺约为 63.4~93.3。与气象干旱特征不同的是,从空间分布而言,水文干旱的发生频次、历时与亏缺特征的空间分布具有差异:区域 A 是水文干旱高发区,低降水量以及强季节性的特征使得区域 A 更易发生干旱,水文干旱历时也更长;区域 B 水文干旱发生频次最小,水文干旱相对亏缺也较小;区域 C 包括了干流南岸的山区流域,降水量大且地形陡峭,整体上水文干旱历时较短,但相对亏缺较大。

表 4-4 不同时间尺度下各区域水文干旱事件发生频次、历时及相对亏缺特征

分区	时间尺度（日）	干旱频次	历时(日) 均值	历时(日) 最大值	相对亏缺 均值	相对亏缺 最大值
区域 A	30	48	49.77	177.50	28.73	110.28
区域 A	90	32	83.12	267.28	41.84	147.53
区域 A	365	12	325.55	950.22	70.30	364.90
区域 B	30	41	45.05	152.76	20.33	71.05
区域 B	90	26	84.88	300.48	31.72	126.21
区域 B	365	8	250.06	856.86	63.48	242.38
区域 C	30	43	44.25	159.74	30.78	118.69
区域 C	90	24	67.10	217.89	42.04	148.79
区域 C	365	10	175.83	826.37	93.23	359.89

图 4-9 为不同时间尺度下各子流域的水文干旱事件历时、相对亏缺的均值分布情况。随着时间尺度增长,水文干旱事件的历时增长,相对亏缺增加,干旱频次减少,这是由于严重程度弱的干旱只是单一时间尺度的干旱事件,而重大干

旱大都是由多个时间尺度叠加形成的,因而短时间尺度的干旱频次更多。短时间尺度下水文干旱特征的空间差异较小,随着时间尺度增长不同分区间的差异也逐渐增大:在 30 日尺度下水文干旱平均历时在 45～90 日,平均相对亏缺在 25～75,区域 A、B、C 间差异较小,而在 365 日尺度下水文干旱平均历时在 95～372 日,平均相对亏缺在 46～260,区域 C 干旱历时较为集中,但相对亏缺分布较为分散,区域 A、B 则与区域 C 相反,各分区内子流域间水文干旱特征的差异主要由流域下垫面引起。相较于气象干旱,水文干旱事件不仅历时和相对亏缺更大,其空间波动范围也更大,水文干旱历时的空间分布与气象干旱相对一致,均与降水量的空间分布一致,但干旱频次与相对亏缺的空间分布与气象干旱并不相同,这表明水分亏缺特征可能不仅仅与降水特征有关,可能更多受区域 A、B 较平坦的地形影响。

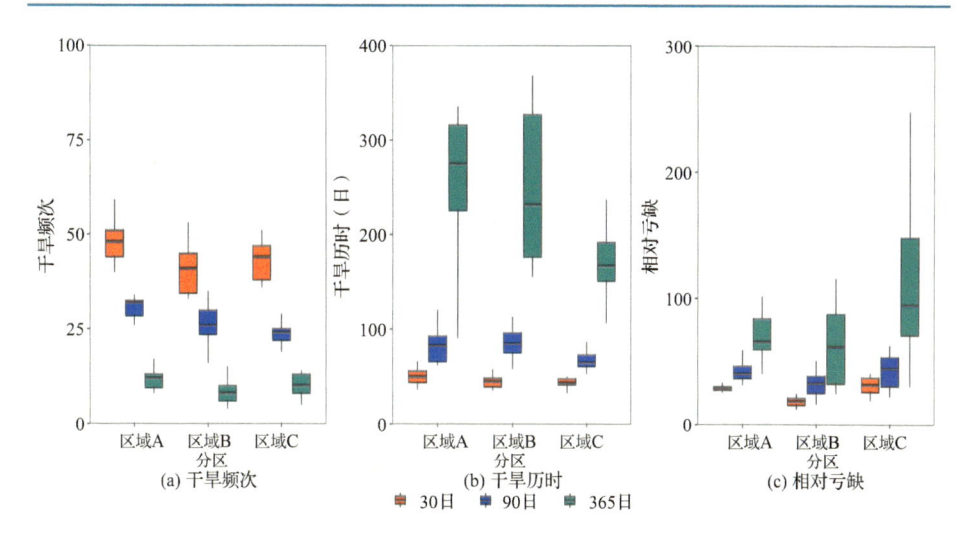

▲ 图 4-9　30、90、365 日尺度下各区域水文干旱发生频次、干旱历时均值、相对亏缺均值箱线图

流域内不同时间尺度的水文干旱发展期和恢复期特征如图 4-10 所示。从图中可以看出,与气象干旱相似的是,不同时间尺度下流域内大部分水文干旱事件发展缓慢但水分亏缺状态解除迅速,水文干旱发展期特征与恢复期特征具有非对称性,随着时间尺度增长,发展期及恢复期历时随之增长,水文干旱发展/恢复速度也减小,水文干旱发展与恢复的非对称性逐渐减弱。相较于气象干旱,水

文干旱的发展与恢复过程更为平缓，但不对称性也更为明显，如在 30 日时间尺度下水文干旱发展期历时为 1～204 日，发展速度在 -1.69～-0.01/日，而恢复期历时为 1～165 日，恢复速度在 1.21～2.94/日，发展与恢复速度最大相差近两倍。这种显著的非对称性特征导致对水文干旱恢复期的预测难度更大，需要加强对干旱事件内在发展与恢复规律的认识，以提升对水文干旱何时达到峰值、多久恢复至正常水分状态的预测能力。

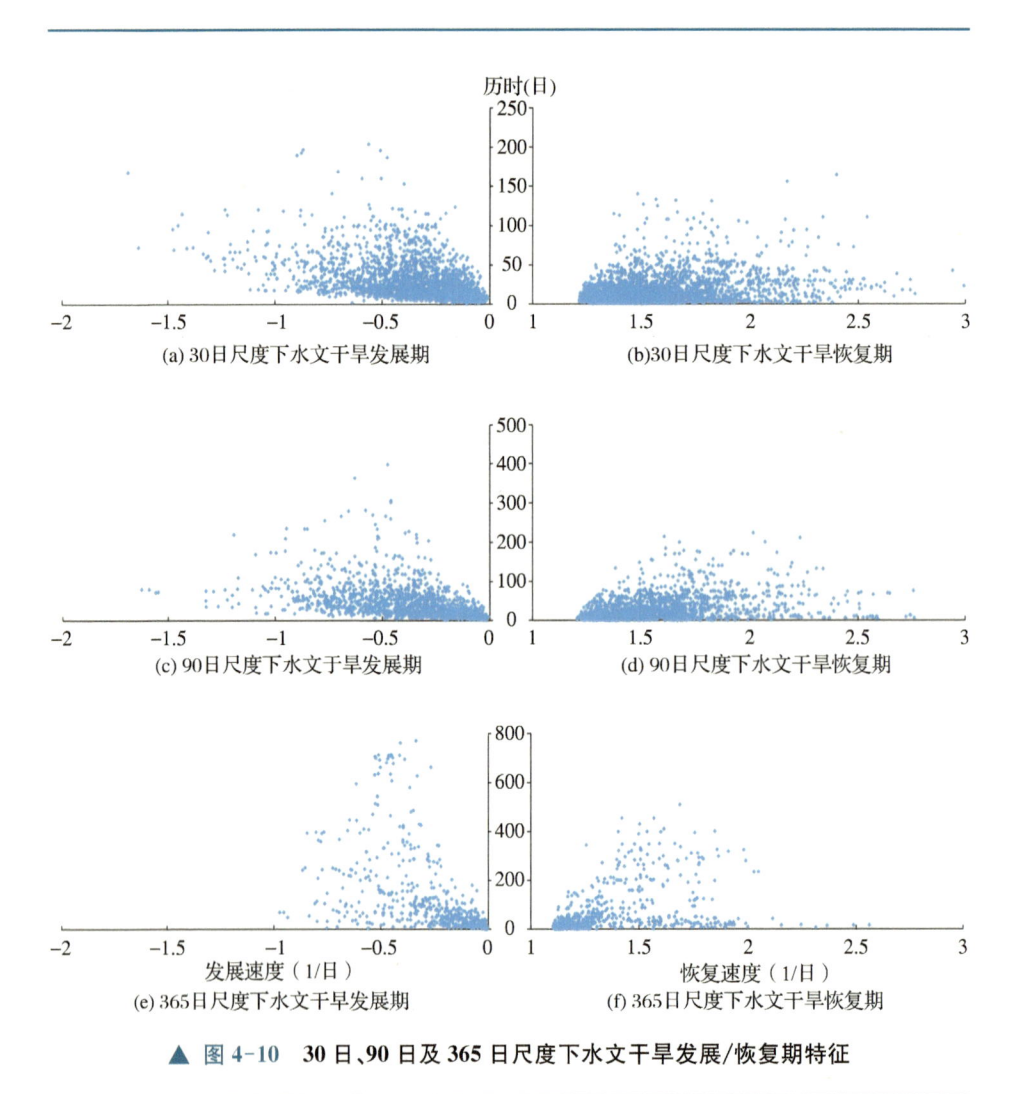

▲ 图 4-10　30 日、90 日及 365 日尺度下水文干旱发展/恢复期特征

4.3 气象—水文干旱传递特性时空分布

4.3.1 干旱传递概率

图 4-11 为不同时间尺度下 SPI 与 SRI 的 Pearson 相关系数、Kendall 秩相关系数以及 Spearman 相关系数,图中显示随着时间尺度增长,SPI 与 SRI 的相关关系逐渐增强,365 日尺度下 SPI 与 SRI 的 Pearson 相关系数均大于 0.65,具有较强的线性相关关系,但在 30 日及 90 日尺度下部分子流域 SPI 与 SRI 的 Pearson 相关系数小于 0.6,线性相关关系相对较弱,并不能简单用线性相关反映气象干旱与水文干旱的相依性,需要通过 Copula 函数等非线性方法更好地刻画气象干旱与水文干旱间的关联性。

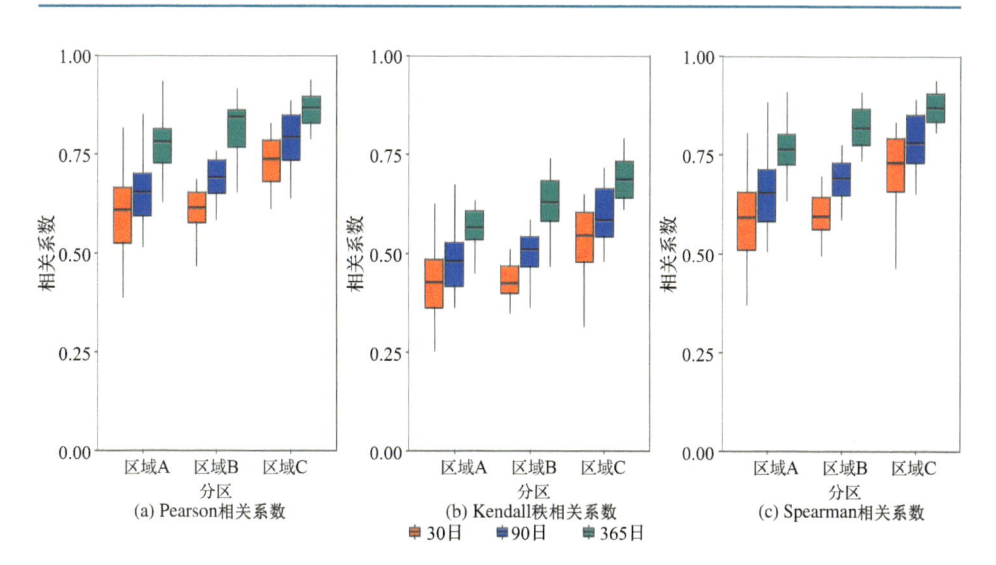

▲ 图 4-11 30 日、90 日及 365 日尺度下 SPI 与 SRI 的 Pearson 相关系数、Kendall 秩相关系数、Spearman 相关系数箱线图

表 4-5 中列出了不同时间尺度下候选 Copula 函数拟合 SPI 与 SRI 联合概率分布的 K-S 检验 p-value 均值以及 AIC 准则指示的最优比率,结果显示五种候选 Copula 函数的 K-S 检验结果较为接近,但 AIC 准则指示的最优 Copula 比

率有所不同,30 日尺度拟合最优的 Copula 函数为 Clayton Copula,其余两个时间尺度最优的 Copula 函数均为 Gumbel Copula,因此对 30 日尺度采用 Clayton Copula,其余时间尺度采用 Gumbel Copula 拟合 SPI 与 SRI 的联合概率分布。

表 4-5　候选 Copula 函数拟合优度检验

时间尺度	30 日 p 均值	30 日 最优比率	90 日 p 均值	90 日 最优比率	365 日 p 均值	365 日 最优比率
Gaussian	0.42	12.1	0.49	20.5	0.51	12.4
Student-t	0.44	13.2	0.53	11.4	0.59	15.3
Gumbel	0.52	25.1	0.62	***27.5***	0.65	***26.8***
Clayton	0.49	***26.2***	0.69	24.9	0.63	21.2
Frank	0.46	23.4	0.57	15.7	0.54	24.3

注:表中粗斜体代表该时间尺度下拟合最优的 Copula 函数,最优比率的单位为%。

流域内三个分区类型Ⅰ发生概率 $P(H|M)$ 的累积概率分布如图 4-12 所示。从累积概率分布可以看出,随着时间尺度的增加,气象干旱引发水文干旱的概率也逐渐增加,如在区域 A,30 日尺度下 $P(H|M)$ 在 0.29~0.57,90 日尺度

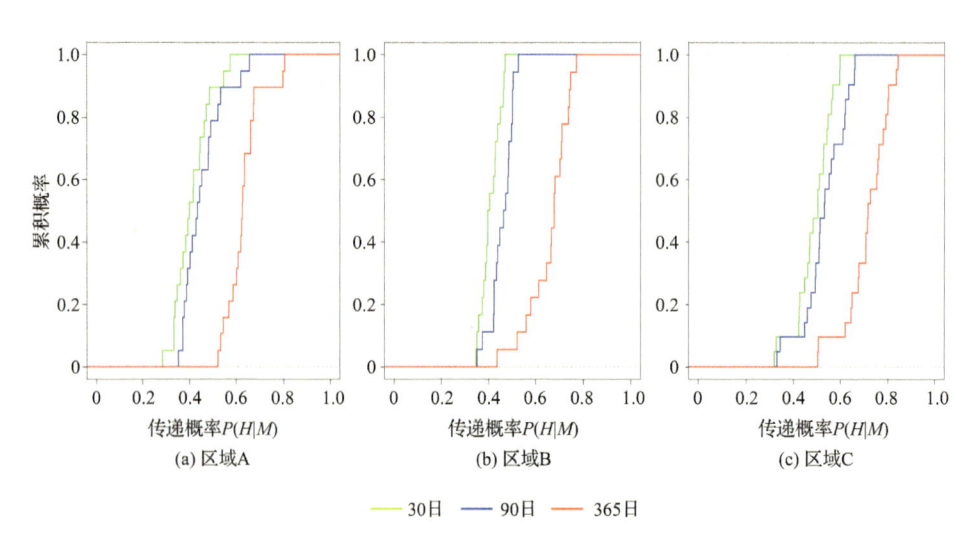

▲ 图 4-12　30 日、90 日及 365 日尺度类型Ⅰ发生概率 $P(H|M)$ 的累积分布曲线

下 $P(H|M)$ 在 $0.35\sim0.60$ 波动,而在 365 日尺度下气象干旱传递至水文干旱的概率高至 $0.54\sim0.79$,这表明在更长的时间尺度上,径流对降水亏缺具有较强的响应,长期累积的降水亏缺更大概率会体现在径流亏缺上,致使径流出现相对较干的状态,而受流域调蓄作用的影响,短时间尺度下的降水亏缺较少体现在径流上。在三个分区中,区域 B 中 $P(H|M)$ 相对较小且子流域间差异相对较小,如在 30 日尺度下 $P(H|M)$ 变化范围为 $0.35\sim0.47$;区域 C 中 $P(H|M)$ 相对更大,分区内子流域间差异也较大,图中累积概率分布曲线更为平缓;区域 A 则介于区域 B 与区域 C 之间。

由于不同时间尺度的传递概率空间分布格局相似,仅以 90 日尺度的空间分布作为代表展示,如图 4-13 所示。从空间分布上看,类型Ⅰ的发生概率整体上呈由西南至东北递减的趋势,区域 C 中南部山区流域的类型Ⅰ发生概率大于区域 B 的平原区域,这表明在山区流域气象干旱更容易传递至水文干旱,也就是说,在监测到降水出现异常亏缺时,水文干旱在此区域具有更大的发生可能性。这可能是由于山区流域内水分亏缺主要由降水补充,相对湿润且土层较薄,河道径流对降水亏缺的响应更为敏感,而在平原区域,河道径流的水分亏缺不仅由降水补给,还由土壤入渗补给以及地下水排泄补给等,在一定程度上削弱了降水与径流的联系,导致径流受降水亏缺的影响相对较弱,因此在平原区域气象干旱传递至水文干旱的概率较低。

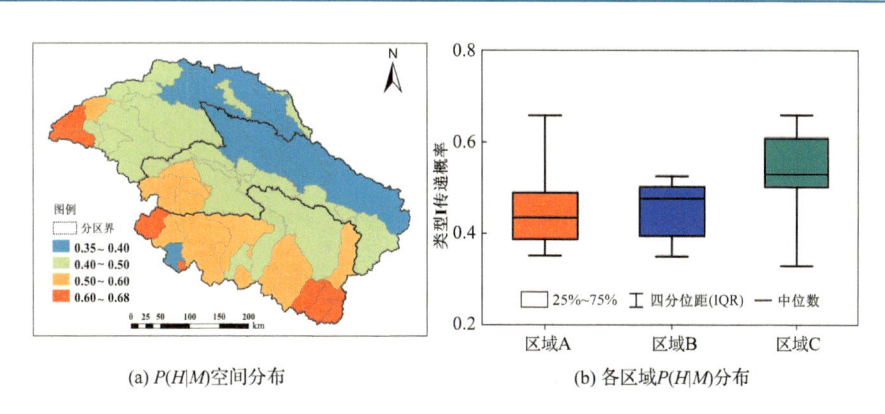

(a) $P(H|M)$ 空间分布

(b) 各区域 $P(H|M)$ 分布

▲ 图 4-13 90 日尺度类型Ⅰ发生概率 $P(H|M)$ 的空间分布格局

不同时间尺度下类型Ⅱ和类型Ⅲ的发生概率如图 4-14 所示。30 日尺度下类型Ⅱ和类型Ⅲ的发生概率分别为 $0.40\sim0.70$ 和 $0.30\sim0.60$,90 日尺度下类

型Ⅱ和类型Ⅲ的发生概率分别为 0.35～0.65 和 0.25～0.55，而 365 日尺度类型Ⅱ和类型Ⅲ的发生概率分别为 0.05～0.30 和 0～0.30。对比可以看出，随着时间尺度的增长，类型Ⅱ和类型Ⅲ的发生概率均逐渐减小，呈现与类型Ⅰ发生概率 $P(H|M)$ 恰好相反的分布，这表明在更长的时间尺度上，径流与降水的关系更为密切，水文干旱基本由气象干旱引发。原因可能在于降水亏缺需要累积到一定规模才会对径流过程产生影响，在短时间尺度下，水分盈亏变化频繁，气象干旱往往历时短、亏缺小，而长期累积的降水亏缺历时更长，水分亏缺更大，气象干旱引起水文干旱发生的可能性更大，相应地，气象干旱未引发水文干旱的概率就越小。而对于第三种传递类型而言，长时间尺度下，径流与降水的变化趋势更为同步和一致，同时，水库蓄水等人类活动也具有周期性，长期径流水分的亏缺更多来源于降水亏缺，因而在长时间尺度下在无气象干旱条件下发生水文干旱的概率相对较小。从空间上看类型Ⅱ及类型Ⅲ发生概率的空间分布也较为一致，均呈现西南部低而东北部高的空间分布格局，与 $P(H|M)$ 的空间分布相反。

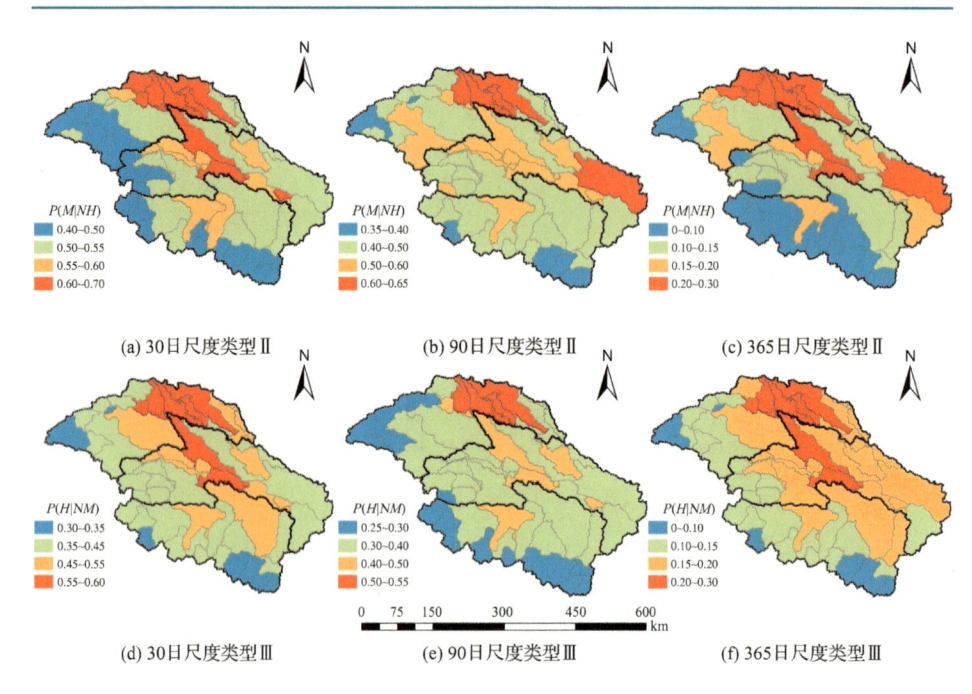

▲ 图 4-14　30 日、90 日及 365 日尺度类型Ⅱ传递概率 $P(M|NH)$ 及类型Ⅲ传递概率 $P(H|NM)$

进一步地,对类型Ⅱ的气象干旱事件特征及类型Ⅲ的水文干旱事件特征进行统计,如图4-15所示。从图中可以看出,类型Ⅱ的气象干旱与类型Ⅲ的水文干旱均具有历时短、相对亏缺小的特点,不同时间尺度上干旱历时的中位数均不大于40日,相对亏缺的中位数均不大于20,基于不同时间尺度的统计进一步表明了干旱传递类型划分的合理性。

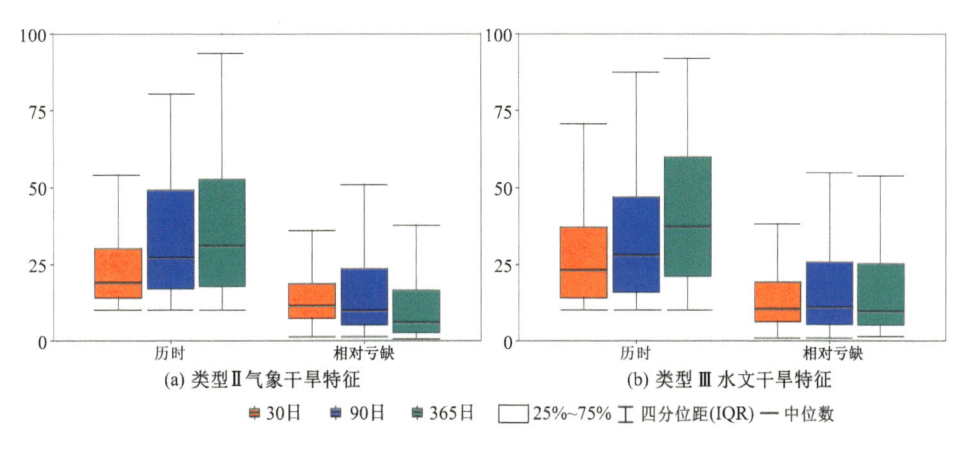

▲ 图 4-15　类型Ⅱ气象干旱事件特征及类型Ⅲ水文干旱事件特征

4.3.2　干旱传递阈值

由于长时间尺度气象—水文干旱传递事件数目较少,用于拟合边缘分布样本数量较少,在进行传递阈值计算时存在较大的不确定性,因而对30日尺度下气象干旱向水文干旱传递的阈值进行分析。图4-16为30日尺度不同等级水文干旱临界特征对应的气象干旱阈值。气象干旱与水文干旱具有明显的非线性响应关系,30日尺度下引发中等水文干旱的气象干旱阈值历时为26~59日,引发严重水文干旱的气象干旱阈值历时为44~124日。从空间分布而言,各区域间历时的差异相对较小,尤其是在中等水文干旱的阈值;不同区域相对亏缺的阈值差异较大,区域B不同等级引发水文干旱相对亏缺的气象干旱阈值最大,区域A次之,区域C相对最小,虽然区域B中的中下游等流域调蓄作用大的流域引发水文干旱阈值较高,对气象干旱的抵御能力较强,但一旦发生干旱,水文干旱状况可能持续更久。

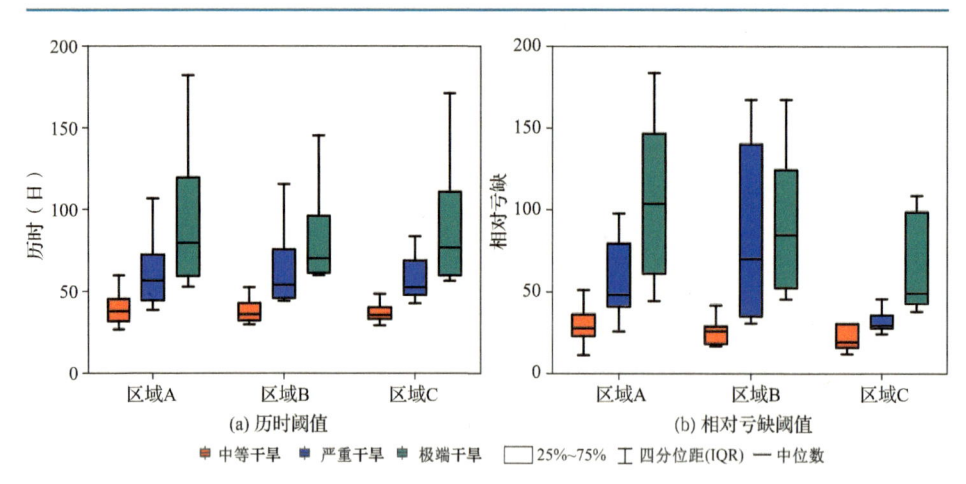

▲ 图 4-16　30 日尺度下不同等级水文干旱临界特征及对应的气象干旱特征阈值

4.3.3　干旱传递特征比

不同时间尺度下子流域的特征比图(带误差棒的柱状图)如图 4-17 所示。图中显示,不同时间尺度下,干旱历时、相对亏缺的特征比均小于 1,但发展/恢复速度特征比大于 1,表明从总体上看气象干旱向水文干旱传递过程中存在历时延长、相对亏缺增强以及干旱发展/恢复速度衰减的效应。但是随着时间尺度增长,这种延长、增强或是衰减的程度相对减弱,在 365 日尺度,干旱特征比更趋近于 1。

4.3.4　干旱传递时间

各个分区气象干旱向水文干旱传递时间如图 4-18 所示。由图中可知,在不同时间尺度下,水文干旱对气象干旱均存在明显的滞后效应,但不同时间尺度和流域的传递时间有所不同。流域内气象干旱向水文干旱的传递时间随时间尺度增长而增长,在 30 日时间尺度下,传递时间为 11.2～34.6 日;90 日时间尺度下传递时间为 19.5～54.3 日;365 日时间尺度下,传递时间为 49.8～113.4 日不等。从空间分布上看,流域内气象干旱向水文干旱传递时间具有较大的空间差异性,随着时间尺度增长,这种空间差异性逐渐变大。区域 B 气象干旱向水文干旱传递时间相对较长,区域 C 流域调蓄作用相对较小,传递时间相对较短。

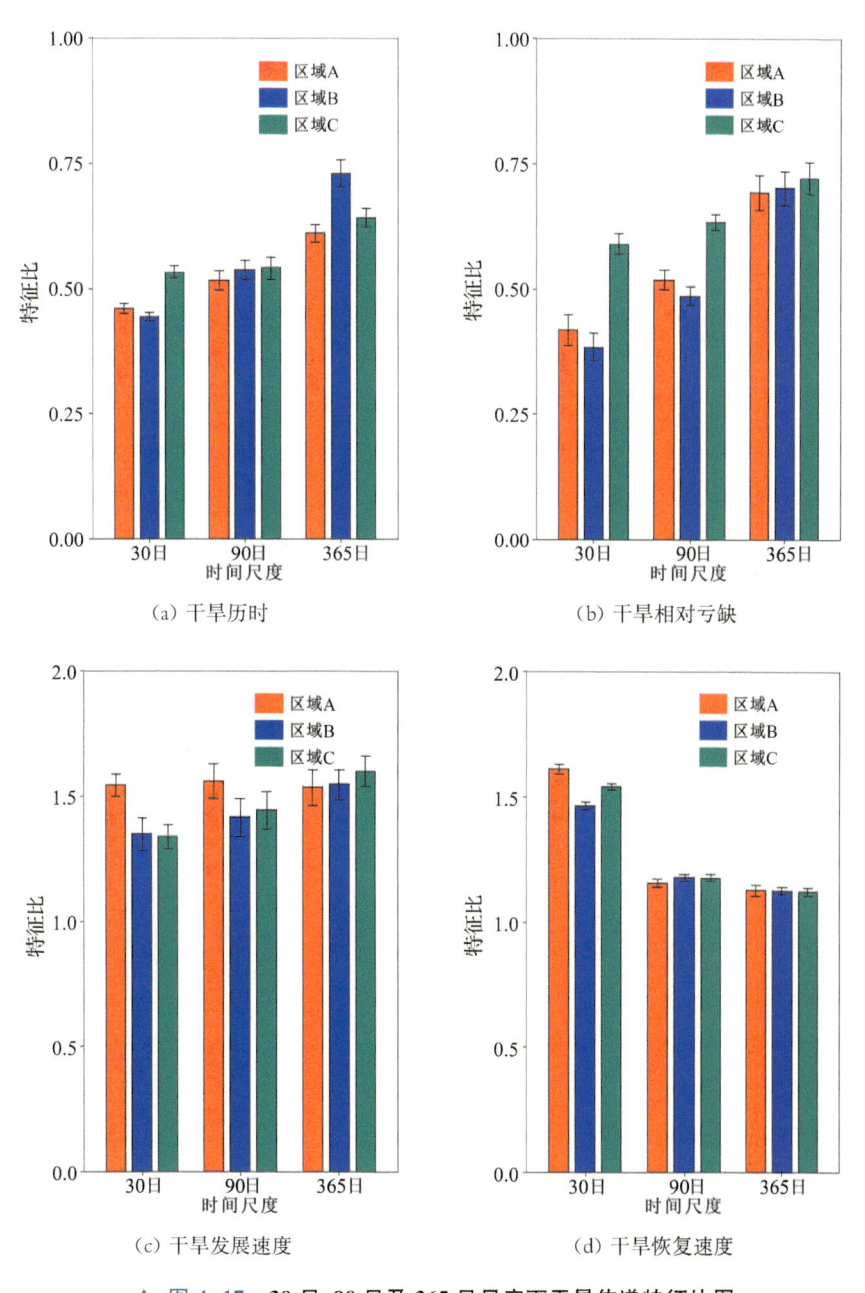

第四章 基于模拟的气象—水文干旱传递特性分析

(a) 干旱历时

(b) 干旱相对亏缺

(c) 干旱发展速度

(d) 干旱恢复速度

▲ 图4-17 30日、90日及365日尺度下干旱传递特征比图

123

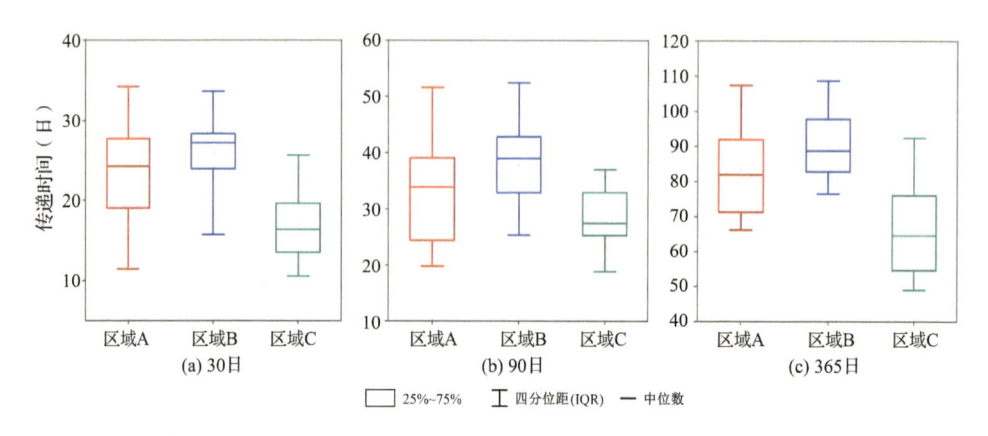

▲ 图 4-18　30 日、90 日及 365 日尺度下气象干旱向水文干旱传递的时间

4.3.5　观测与模拟揭示传递特性的对比

基于站点观测数据的分析能够反映流域干旱特征的真实状况，对传递特性的揭示相对真实可靠。对比第三章与第四章的结果，基于站点观测与水文模型的分析结果均反映出气象干旱向水文干旱传递过程中的滞后、延长、水分亏缺增强但速度削减的特性，从空间分布而言，两者的分析结果较为一致：在平原区域气象干旱引发水文干旱的概率小、传递时间长，在地形陡峭的山区气象干旱与水文干旱非一致性特征相对不显著、传递时间相对较短。虽然水文模型的特征值相较于站点观测有所差异，但揭示的气象—水文干旱传递特性整体相对可靠。

站点观测分析干旱传递的必要条件在于获取长序列径流数据。前文分析指出进行干旱指数计算至少要 30 年的序列，而为了减小干旱评估的不确定性，数据序列长度应该在 70～80 年。长序列气象观测数据较易获取，但长序列、空间分布较密的水文变量数据较难获取，在少资料、无资料的地区水文观测记录不足，使得仅通过对水文站观测数据分析很难揭示空间分布规律。水文模型可以较好解决这一问题，分布式水文模型可通过模拟大区域水文循环过程，弥补站点观测数据在时空连续性上的不足，也可模拟未受人类活动影响的径流评估人类活动对干旱传递的影响，从流域角度对科学制定防旱抗旱措施提供有力参考。然而应用水文模型时也存在一定的不确定性，如气象输入数据带来的不确定性、模型参数不确定性等,其中,气象数据不确定对径流模拟影响较大(Chen et al.,2018)。水文干旱通常发生在较长的时间尺度下,陆面水文循环作为一个低通滤波器,可弱化一部分气象输入数据带来的不确定性,由于干旱期降水对径流贡献相对较小,这种弱化作用在干旱期更为明显。

4.4　小结

本章首先基于淮河蚌埠以上流域土地利用类型、土壤类型及 1980—2018 年的水文气象数据等构建了 SWAT 水文模型模拟流域降水径流过程,采用 K-means 聚类方法将研究区划分为三个具有相似降水特征的区域,计算不同时间尺度的 SPI 值和 SRI 值,基于气象—水文干旱传递关系评估框架揭示了淮河蚌埠以上流域气象干旱向水文干旱传递的多尺度特性。本章主要结论如下:

(1) 根据流域内干支流 6 个水文站逐日实测流量数据对模型进行率定和验证,率定期及验证期百分比偏差均在 ±20% 以内,纳什效率系数均在 0.54 以上,模型模拟结果相对可靠。

(2) 不同时间尺度下的干旱指数指示干旱状况有较大区别,短时间尺度多为历时短、亏缺小、速度快的干旱事件,而长时间尺度干旱事件多历时长、亏缺大、发展/恢复速度更为平缓。随着时间尺度增长,气象干旱与水文干旱事件次数越少,但历时和相对亏缺随之增大,气象干旱引发水文干旱(类型Ⅰ)的概率也逐渐增加,但类型Ⅱ和类型Ⅲ的发生概率逐渐减小,气象干旱引发水文干旱的阈值和气象干旱向水文干旱传递时间增加,但干旱特征比有所减少。

(3) 不同时间尺度的水文干旱及传递特征空间分布格局相似:降水量小、季节性强的区域 A 是水文干旱高发区,水文干旱历时较长,流域调蓄作用大的区域 B 水文干旱相对亏缺最小,包含南部山区流域的区域 C 相对亏缺较大。类型Ⅰ的发生概率整体上呈由西南至东北递减的趋势,类型Ⅱ和类型Ⅲ的发生概率则与类型Ⅰ相反。区域 B 气象干旱向水文干旱传递时间相对较长,流域调蓄作用相对较小的区域 C 传递时间相对较短,区域 A 则介于两者之间。

第五章

干旱传递过程的影响机制分析

干旱传递过程本质上是一个受土壤湿度状况及蒸散发等过程调节的降雨—径流转换过程。水文干旱是气候、下垫面及人类活动综合作用的产物,流域内水文干旱对气象干旱的响应具有明显的非线性特征。气象干旱伴随的气候条件变化可能会影响产流过程,干旱传递过程中土壤水、地下水以及植被等下垫面条件的变化也将导致降雨—径流关系的变化,这也就意味着干旱期内降雨—径流关系是复杂且动态的。同时,气候的季节性对干旱传递有一定的影响,不同季节干旱传递的主导因素可能不同。以水库调蓄、土地利用变化为代表的人类活动对干旱传递的影响复杂,对不同区域也可能产生不同的影响,对人类活动在产汇流过程不同环节影响干旱传递的作用机制进行探讨能够充分考虑人类活动在干旱传递过程的作用机制。前文从统计分析的角度定量探讨了气象干旱与水文干旱的联系,但对传递过程的影响机制尚未探明。

　　本章以类型Ⅰ传递为主要研究对象,通过干旱传递特征的影响因子分析,气候、下垫面对干旱期降雨—径流关系影响分析,人类活动对传递过程的影响分析,形成对何种因素通过何种过程影响干旱传递的认识。选取地形指数、季节指数等代表气候、流域下垫面的影响因子分析其与干旱传递特性的关系,探讨何种因素影响干旱传递特征;在季节尺度上分析干旱期降雨—径流关系的改变情况,基于 SWAT 模型输出的土壤含水量等水文气象变量数据,探讨不同季节降水、土壤水、基流等气候及流域下垫面对干旱传递过程的影响机制;通过相似流域对比、不同土地利用情景的径流模拟揭示水库调蓄、土地利用变化代表的人类活动对干旱传递的影响机制。

5.1　干旱传递特性的影响因子分析

　　在前文分析中流域内气象干旱与水文干旱特征存在极大的空间异质性,干旱传递特性也大为不同。本小节选取了能够反映气候、流域下垫面以及人类活动的影响因子,通过相关以及偏相关分析探讨其与水文干旱特征以及干旱传递特性的关系,初步探究三者对干旱传递的影响。

5.1.1 影响因子定量分析方法

5.1.1.1 影响因子筛选

基于大量参考文献,选取了十个反映流域气候条件、下垫面特征以及人类活动的因子进行分析,以年平均降水量、季节指数描述流域气候特征,用集水面积、归一化植被指数(Normalized Difference Vegetation Index,NDVI)、高程、河网密度、基流指数(Base Flow Index,BFI)、地形指数等反映流域下垫面特征,以耕地面积比和库容比反映流域内人类活动特征,下文对影响因子的含义及计算作逐一说明。

(1) 年平均降水量(P),单位为 mm。

(2) 季节指数(SI)是反映降水量年内变化程度的无量纲数,用以反映降水的季节性对干旱传递的影响,计算公式如下:

$$SI = \frac{1}{\overline{P}} \sum_{N=1}^{12} \left| \overline{P}_N - \frac{\overline{P}}{12} \right| \tag{5-1}$$

式中,$\overline{P}$ 为多年平均降水量(mm),$\overline{P}_N$ 为第 N 个月的平均月降水量(mm)。季节指数越大代表降水的年内分配越不均匀。

(3) 集水面积($Area$),单位为 km^2。

(4) 高程,单位为 m,包括最大高程($ElevMax$)、最小高程($ElevMin$)、平均高程($Elev$)。

(5) 归一化植被指数($NDVI$)采用的是 ECOCAST(https://ecocast.arc.nasa.gov/)提供的 GIMMS 全球植被指数数据,空间分辨率为 8 km,时间分辨率为 15 日。根据流域边界裁剪获取流域 $NDVI$ 的平均值,反映流域内植被条件对干旱传递特征的影响。

(6) 河网密度($Dense$)是流域内河道总长度与流域面积的比值,反映流域内水系的发育程度。河网密度基于 DEM 提取的河网和集水面积计算,单位为 m/m^2。

(7) 基流指数(BFI)是基流占河道径流的比值,其中基流是指径流过程中去除直接径流的慢速响应径流。基流指数虽然不是流域地理特征,但它能够综合反映流域的地形、地貌和蓄排能力等特性,因此也被很多研究作为流域自然地理特征的重要指示因子分析其与干旱特征的联系（Van Loon and Laaha，2015）。流域调蓄作用大，一般基流指数也大。由于基流受降水影响较小，变化相对稳定，因此基于 Lyne-Hollick（1979）的数字滤波方程将低频的基流信号从实测径流中分离出来计算 BFI，综合反映流域调蓄作用对干旱传递特性的影响。

（8）地形指数（TI）是 TOPMODEL 水文模型进行产流计算的核心指数，公式为 $\ln(\alpha/\tan\beta)$，其中，α 是流域内经过某处的单位等高线长度的汇流面积，$\tan\beta$ 是流域内某处的地表坡度。地形指数反映了流域内缺水量的分布情况，主要控制流域内的产流过程。地形指数大的地方往往对应于流域的坡脚、河岸等地势平缓处，这些地方通常土壤厚度大，且植被茂盛，因缺水量小而容易达到饱和；而地形指数小的地方对应于流域的陡峻处，因缺水量大而不易产流。地形指数实际上可以被看作是流域水文效应的一种指示。流域地形指数的空间分布可基于 DEM 计算，综合体现流域下垫面对干旱传递特性的影响。

（9）耕地面积比（Crop）为流域内耕地面积与流域集水面积的比值，可以近似反映农业灌溉用水量占径流量的比例，用以反映灌溉用水对干旱传递特性的影响。

（10）库容比（Res）为流域内水库库容与子流域多年平均径流量的比值，反映河道径流受人类活动调节的程度。受数据所限，本研究计算库容比时仅考虑了流域内大中型水库的兴利库容。

5.1.1.2　相关与偏相关分析

采用 Pearson 线性相关系数分析研究流域影响因子与水文干旱以及干旱传递特征之间的线性相关关系。气候、流域地理特征、人类活动的多个影响因子可能对水文干旱及干旱传递特征都有较显著的影响，但因子间可能并不相互独立，如反映气候特征的年平均降水量与反映流域地理特征的 NDVI 具有极强的正相关关系，简单的相关分析并未考虑因子间的相互作用，不能客观反映单一的影响因子与水文干旱及干旱传递特征的相关性。同时，也有很多研究指出在分析流域特性对干旱的影响时，因子间的相互影响不能忽略（Bhardwaj et al.，2020）。因此，采用偏相关分析的方法在控制其他因子线性影响的条件下分析影响因子与干旱传递特征之间的线性相关性，进一步明晰气候、流域地理特征、人类活动对干旱传递特征的作用。为避免同一类别中因子的相互作用影响偏相关分析结果，对气候、流域地理特征、人类活动三类特征分别选出与水文干旱及干旱传递特征相关性最强的因子进行偏相关分析。在三个变量中，剔除 z 变量影

响的 x 与 y 偏相关系数 r_{xy-z} 的计算公式如下：

$$r_{xy-z} = \frac{r_{xy} - r_{xz}r_{yz}}{\sqrt{(1-r_{xz}^2)(1-r_{yz}^2)}} \tag{5-2}$$

式中，r_{xy}、r_{xz} 与 r_{yz} 是 x、y、z 中两组变量相关系数。

剔除 z、m 因子影响下的 x 与 y 偏相关系数 r_{xy-zm} 的计算公式如下：

$$r_{xy-zm} = \frac{r_{xy-z} - r_{xm-z}r_{ym-z}}{\sqrt{(1-r_{xm-z}^2)(1-r_{ym-z}^2)}} \tag{5-3}$$

式中，r_{xy-z}、r_{xm-z} 与 r_{ym-z} 分别为剔除 z 因子影响下 x、y、m 因子之间的偏相关系数，与 Pearson 相关系数相同，偏相关系数越接近 1，影响因子对干旱传递特征的影响越大。

5.1.2　影响因子分析结果

选择水文干旱平均历时（D）、平均相对亏缺（RD）、发展/恢复速度（DS/RS）、类型Ⅰ发生概率（$P(H|M)$）、传递时间（PT）共 6 个水文干旱及传递特征，分析其与影响因子的关系，30 日尺度影响因子与水文干旱及干旱传递特征的相关性如图 5-1 所示。从图中可以看出，与干旱历时相关性最强的影响因子是年平均降水量，其次是季节指数，相关系数绝对值均高于 0.6，NDVI 与干旱历时也有较强的相关性，相关系数分别为 -0.48，但综合反映流域特性的地形指数和基流指数对水文干旱历时的影响较弱，相关性并不显著。NDVI 与降水量具有强相关性，植被覆盖多的流域往往降水比较充沛，NDVI 和降水量对水文干旱历时的影响是一致的。降水的季节性对水文干旱历时也有显著影响，降水季节性越大，降水越集中，在其他时期越难通过降水补充使径流从干旱状态缓解，因而历时越长。就干旱相对亏缺而言，地形指数对水文干旱相对亏缺影响最为显著（$r = -0.61$），以季节指数、年平均降水量为代表的气候条件对相对亏缺的作用并不显著。水文干旱发展/恢复速度与基流指数和地形指数的相关性总体最强，但是与气候条件的相关性并不密切，均未通过显著性检验。对于气象干旱向水文干旱的传递概率，其与气候、流域特性及人类活动影响因子均有显著的相关性，相关性最密切的依次是基流指数、地形指数、耕地面积、最大高程，相关系数绝对值均在 0.50 以上。气象干旱向水文干旱的传递时间与流域特性因子的

相关性最强,其次是耕地面积,与气候的相关性并不显著。表 5-1 列出了 365 日尺度部分显著影响因子与水文干旱及传递特征的相关性。在更长的时间尺度上,年平均降水量与发展/恢复速度及传递概率的相关性有所增强,高程、地形指数等与流域调蓄作用相关的下垫面因子与水文干旱特征的相关性有所减弱,但与水文干旱相对亏缺和传递时间相关性最强的仍是高程、地形指数和基流指数,相关系数绝对值均大于 0.5。

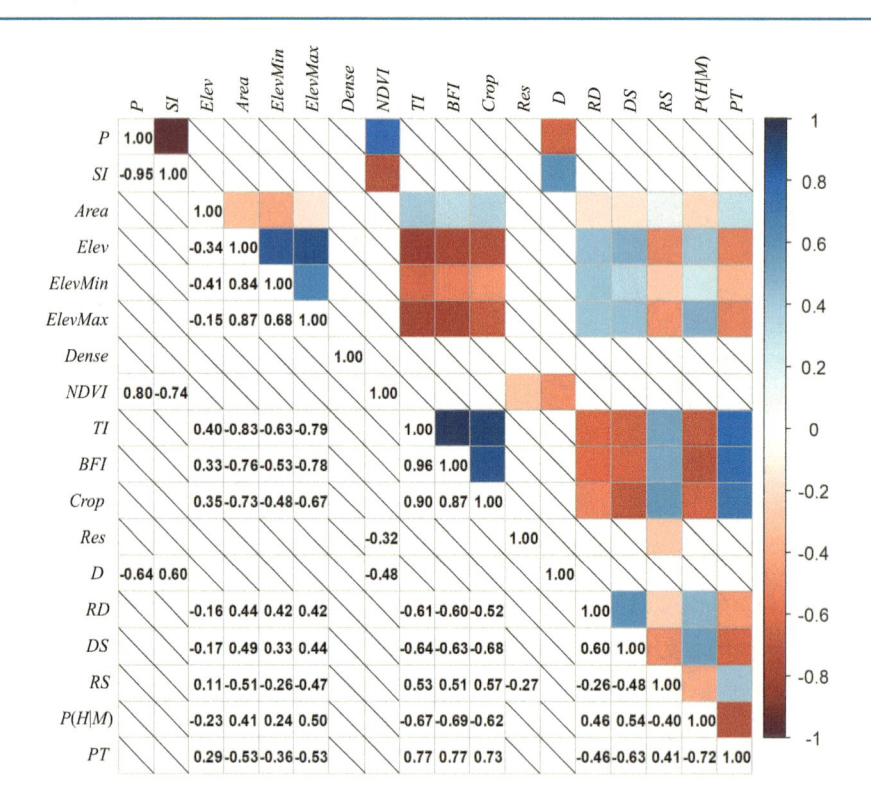

▲ 图 5-1　30 日尺度下水文干旱及干旱传递特征与影响因子的 Pearson 相关系数

注：斜杠代表 Pearson 相关系数未通过显著性水平为 0.05 的显著性检验。

表 5-1　365 日尺度下水文干旱及传递特征与影响因子的 Pearson 相关系数

影响因子	P	SI	Elev	TI	BFI	NDVI	Crop
干旱历时 D	−0.60	0.63	—	—	—	−0.41	—
相对亏缺 RD	—	—	0.62	−0.55	−0.53	—	−0.52

(续表)

影响因子	P	SI	Elev	TI	BFI	NDVI	Crop
发展速度 DS	0.54	−0.45	—	—	—	0.27	—
恢复速度 RS	0.50	−0.49	—	—	0.41	—	—
传递概率 P(H|M)	0.59	−0.53	—	−0.55	−0.58	0.41	−0.46
传递时间 PT	—	—	−0.51	0.57	0.55	—	0.55

注：—代表 Pearson 相关系数未通过显著性水平为 0.05 的显著性检验。

基流指数 BFI 是流域地形地貌特征的综合指示因子，其对水文干旱特征影响的作用机制已在不同流域有很多相关讨论，如 Van Loon 和 Laaha（2015）对奥地利 44 个小流域的研究结果表明基流指数对水文干旱历时具有重要影响；Barker 等（2016）对英国流域的研究表明基流指数对水文干旱历时和烈度具有显著影响；Bhardwaj 等（2020）对印度的研究结果表明基流指数对传递时间具有显著影响；Valiya Veettil 等（2020）对美国萨凡纳河流域的研究得出基流指数对短时间尺度下的水文干旱历时影响最显著。而本书结果显示基流指数与水文干旱相对亏缺和传递特征的相关性均显著，但对历时的影响不明显；同时，综合表征流域特性的地形指数与水文干旱和传递特征同样显著相关，且地形指数与基流指数呈显著正相关，对传递特征的影响一致，因此均可作为流域特性表征的综合性因子反映流域下垫面对干旱传递的影响。计算基流指数的关键是基流分割，基流分割方法伴随着较大的不确定性，同位素示踪等分割径流成分的方法相对耗时费力，尤其对于小流域而言。而地形指数仅需以 DEM 值作为输入，计算相对简便且可呈现空间分布格局，其作为地形特征的综合表征相对更具有广泛应用的优势，地形指数对水文干旱及干旱传递特征的影响可在不同尺度的流域和应用中进行探讨。

由于气候、流域自然地理特征和人类活动之间的相互作用，因子间的共线性导致难以准确判断影响因子对干旱传递特征的影响，因此选择与水文干旱及干旱传递特征相关性最大的年平均降水量、地形指数、库容比分别作为气候条件、下垫面特征以及人类活动的代表，与干旱传递特征进行偏相关分析。以 30 日尺度为例，偏相关系数如表 5-2 所示。从表中可以看出，在控制其他变量影响的条件下，干旱历时与年平均降水量具有显著的强相关性，相关系数为 −0.64。流域以降水作为补给来源，年平均降水量较大的流域在干旱期内易受降水的补充使干旱得到解除,水文干旱历时更短,如在谭家河流域,多发生短历时的水文干旱事件。水文干旱相对亏缺和发展速度均与地形指数偏相关系数最大,偏相关系数均显著,这表明在较平坦的流域水文干旱发展相对较慢但干旱历时内水分亏缺相对较小。年平均降水量、地形指数及库容比对水文干旱恢复速度的偏相关性均不显著。传递特征(传递时间及传递概率)与地形指数的偏相关系数显著且绝对值大于0.7,这表明流域的调节作用对气象干旱向水文干旱的传递过程具有不可忽略的影响。水文干旱对气象干旱的时滞效应在很大程度上是由流域调蓄作用决定的,土壤入渗补给以及缓慢的地下水与径流补给—排泄等水文过程可以调节径流对降水异常的响应,因而综合反映流域特性的地形指数与传递时间的相关性最强。

表 5-2　水文干旱及传递特征与影响因子的偏相关系数

影响因子	年平均降水量 P	地形指数 TI	库容比 Res
干旱历时 D	-0.64(*)	-0.11	-0.09
相对亏缺 RD	-0.22	-0.63(*)	-0.12
发展速度 DS	-0.09	-0.63(*)	-0.09
恢复速度 RS	0.14	-0.29	0.07
传递概率 $P(H\|M)$	0.69(*)	-0.73(*)	0.27
传递时间 TP	-0.33	0.76(*)	-0.15

注:*代表偏相关系数通过显著水平为 0.05 的显著性检验。

灌溉用水对水文干旱的影响主要来自于河道径流和地下水的消耗,通常导致河道径流减少和地下水位下降。同时,流域内高占比的耕地可能会增加蒸散发,降低产流量,从而加剧水文干旱。Wada 等(2013)在研究 1960—2010 年用水对全球水文干旱影响时发现,各类用水行为使全球的干旱强度增加了 10%~500%,而灌溉是使干旱强度增加的最主要因素。灌溉用水对水文干旱的影响在诸多研究中都有类似结论。但是灌溉用水在消耗地表水与地下水的同时,也会增加土壤含水量,以灌溉退水的形式回补地表水或地下水,重新分配水资源,从这个角度而言,在短时间内水文干旱将会缓解。耕地面积比与水文干旱相对亏缺呈显著负相关($r=-0.52$),这表明耕地面积比越大,水分亏缺越小,也就是说灌溉用水量越大的流域水文干旱严重程度较小,这与前文的研究结论并不一致。地形指数与耕地面积比($r=0.90$)及相对亏缺($r=-0.61$)均显著相关,通过控制相关变量(地形指数)进一步研究耕地面积比和水文干旱相对亏缺之间的偏相关性。结果显示,偏相关系数为 0.22,这意味着耕地面积比与相对亏缺之间的负相关可能是由地形指数与耕地面积比之间的强正相关引起的,灌溉用水对水文干旱的影响被流域地理自然特征的影响所覆盖,耕地面积比与水文干旱相对亏缺呈负相关,换言之,灌溉用水对水文干旱的影响远远小于地形指数的影响。

5.2 干旱传递中的降雨—径流关系分析

从气象干旱向水文干旱传递的过程本质是流域径流过程对气象上水分亏缺的响应,可从流域降雨—径流关系的角度分析。降雨—径流关系是降水量与其所产生的径流量之间的关系,受气候条件以及流域下垫面等多种因素影响。干旱期降雨量减少可能会导致不同程度的径流量减小,干旱期伴随的气温升高等可能导致实际蒸散发量增加,增加了流域下垫面的水分支出,从而导致干旱期降雨的产流量与湿润期具有较大差异。本节从干旱期降雨—径流关系变化的角度,分析干旱传递过程降水径流关系的变化情况,以进一步揭示气候、下垫面对干旱传递过程的影响机制。

5.2.1 干旱期降雨—径流关系变化识别

根据气象划分法以 3—5 月为春季、6—8 月为夏季、9—11 月为秋季、1—次年 2 月为冬季,将逐日降雨量、径流量分别处理为季节时间序列。基于气象干旱与水文干旱传递关系分析结果,将降雨量及转换后的径流量季节时间序列划分为干旱传递期(类型Ⅰ发生的季节,记为 p)和非干旱期(未发生干旱传递的季节,记为 np)。为探究干旱期内径流对降水的响应关系是否发生显著变化,采用 Fisher 组合检验及 K-S 检验。Fisher 组合检验的原假设 H_0 为干旱期与非干旱期径流与降雨线性回归系数差异 $d_0=\beta_p-\beta_{np}=0$,即干旱期降雨—径流关系并未显著改变。通过 Fisher 组合检验分析干旱期与非干旱期降雨—径流关系是否存在显著差异步骤如下:

(1) 由于径流量一般呈偏态分布,为满足线性模型正态性及方差齐性的基本假定,故对径流量进行 Box-Cox 转换以便进行线性拟合分析。

(2) 分别针对干旱期降水量与径流量(n_1 对样本)和非干旱期降水量与径流量(n_2 对样本)线性拟合模型(5-4)和(5-5),得到初始的系数估计值 β_p 和 β_{np} 以及两组间的系数差异 d_0:

$$Q_p = \beta_p \times P_p + \varepsilon_i \tag{5-4}$$

$$Q_{np} = \beta_{np} \times P_{np} + \varepsilon_i \tag{5-5}$$

式中,Q_p 和 Q_{np} 分别为干旱期与非干旱期 Box-Cox 转换后的径流量;P_p 和 P_{np} 分别为干旱期与非干旱期的降雨量;β_p 和 β_{np} 分别为干旱期与非干旱期线性模型回归系数;ε_i 为残差。

(3) 将干旱期和非干旱期的样本进行混合,得到 $n_1 + n_2$ 的混合样本 S,从混合样本 S 中随机无放回抽取 n_1 对,将其视为新的干旱期样本(记为 S_p),剩下的 n_2 对样本视为新的非干旱期样本(记为 S_{np});

(4) 分别针对 S_p 和 S_{np} 组样本,估计模型(5-4)和(5-5),得到回归系数的估计值 β^{p*} 和 β^{np*} 以及两组间系数差异 d^{0*};

(5) 重复步骤(3)及(4) N 次(取 $N = 10\,000$)获得 d_0 的 N 组估计值 $d^{0*} = (d_1^{0*}, d_2^{0*}, \cdots, d_N^{0*})$,在抽样获得的 N 个 d^{0*} 中,若 d_0 不在 d^{0*} 的 $(1-\alpha)$ 区间内(α 为显著性水平,取 $\alpha = 0.05$),则原假设 H_0 下的 d_0 是小概率事件,此时应拒绝原假设,即干旱传递过程降雨—径流关系发生了显著改变。

径流系数是流域总径流量与总降水量的比值,是量化径流对降水转化率的重要指标。为进一步验证 Fisher 组合检验对干旱传递过程降雨—径流关系是否改变的结论,采用非参数 K-S 检验(2.1.3 节)对干旱期及非干旱期季节径流系数是否来自于同一总体进行检验,若 K-S 双样本检验的 p 大于 0.05,则干旱传递期内降雨—径流关系并未有显著改变,反之则相反。

5.2.2 降雨—径流关系变化识别结果

表 5-3 为 Fisher 组合检验指示不同时间尺度干旱传递导致降雨—径流关系改变的站点占比,Fisher 组合检验与 K-S 检验结果较一致因此未单列。从表中可以看出,干旱期与非干旱期的降雨—径流关系并非完全一致,有较大比例的子流域在干旱传递期间内径流对降水的响应有所改变。在较短的时间尺度(30 日

和 90 日)下,春季、夏季及秋季三个季节在干旱传递期间降雨—径流关系存在明显改变的子流域较少,占 51.72%～70.69%,而在冬季降雨—径流关系变化通过显著性检验的子流域仅占所有流域的 34.48%～36.21%。与 30 日时间尺度相比,在 365 日尺度下,四个季节干旱传递期间降雨—径流关系变化的子流域有所增加,但变化幅度均较小。总体来看,不同时间尺度和季节下干旱传递期间径流对降雨亏缺的响应是复杂而动态的,其影响机制需要进一步研究探讨。图 5-2 为干旱传递期间内降雨—径流关系无变化与显著变化的示意图。对于区域 A 的子流域 1,在春季干旱传递发生时降雨量与径流量基本等比例减小,传递期降雨—径流关系与非传递期的拟合回归线存在一定的偏离,但偏离并不显著,整体变化仍保持一致,但在区域 B 的子流域 42,干旱传递发生时夏季降雨量与径流量存在明显的非等比例减小的现象,干旱期降雨—径流量回归线显著偏离非干旱期,这表明气象干旱向水文干旱传递中降雨—径流关系发生了显著变化。

表 5-3　Fisher 组合检验指示干旱期季节降雨—径流关系变化显著的子流域占比(%)

时间尺度	春季	夏季	秋季	冬季
30 日	51.72	53.45	68.96	34.48
90 日	53.45	55.17	70.69	36.21
365 日	56.90	65.52	72.41	37.93

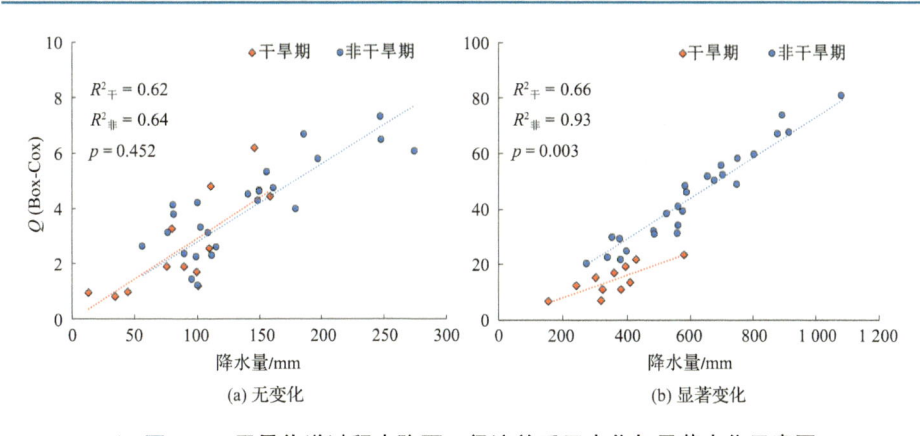

▲ 图 5-2　干旱传递过程中降雨—径流关系无变化与显著变化示意图

[(a)区域 A 子流域 1 的 30 日尺度春季(无变化);(b)区域 C 子流域 42 的 30 日尺度夏季(显著改变)]

以 30 日尺度为例,图 5-3 对比了引起降雨—径流关系显著变化与无变化的干旱传递事件特征,降雨—径流关系显著改变的干旱传递事件与无变化的干旱传递事件相比,干旱历时更长,亏缺更大,尤其是水文干旱事件,历时和亏缺均存在显著差异,这表明降雨—径流关系的变化与干旱严重程度密切相关,在严重气象干旱诱发严重水文干旱的状况下,径流对降水的响应关系才会发生明显改变。同时,降雨—径流关系显著改变的水文干旱历时及亏缺远大于降雨—径流关系未显著改变的干旱传递事件,这说明径流的水分亏缺不仅仅由降水亏缺导致,可能是干旱过程中的土壤水、地下水等水分要素的亏缺共同导致。

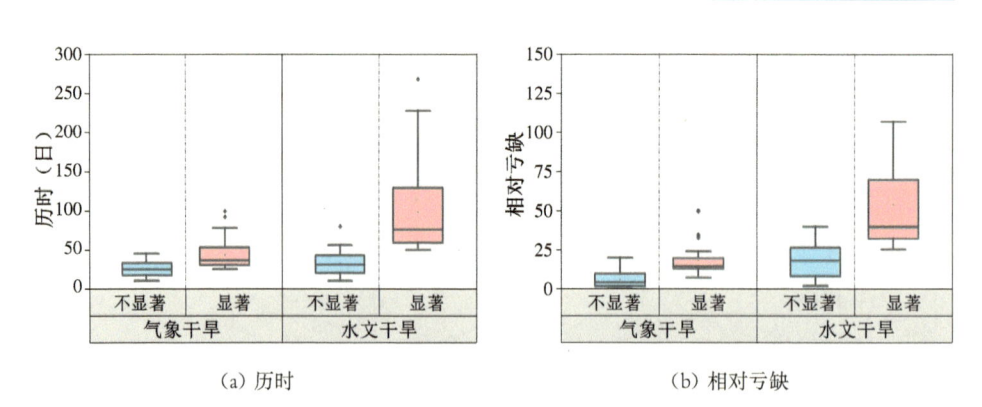

▲ 图 5-3 引起干旱期降雨—径流关系无变化与改变显著的气象干旱与水文干旱事件特征对比

以 90 日尺度为例,图 5-4 给出了不同季节下降雨—径流关系变化显著流域的空间分布。从图中可以看出,降雨—径流关系显著变化的流域分布具有一定聚集现象,区域间的差异性可能与降雨及其季节性特征有关。不同季节干旱传递过程降雨—径流关系显著变化的流域分布具有较大的空间差异性:在春季,区域 B 与区域 C 的大部分流域在干旱期间降雨—径流关系发生了显著变化,在夏季降雨—径流关系发生显著变化的主要是区域 C 与区域 B 部分流域,在秋季干旱期内几乎大部分子流域降雨—径流关系均发生了显著改变,而在冬季仅有区域 A 的部分流域降雨—径流关系显著改变,这表明不同季节和不同区域影响流域水文过程对降水亏缺响应的因素可能是不同的。

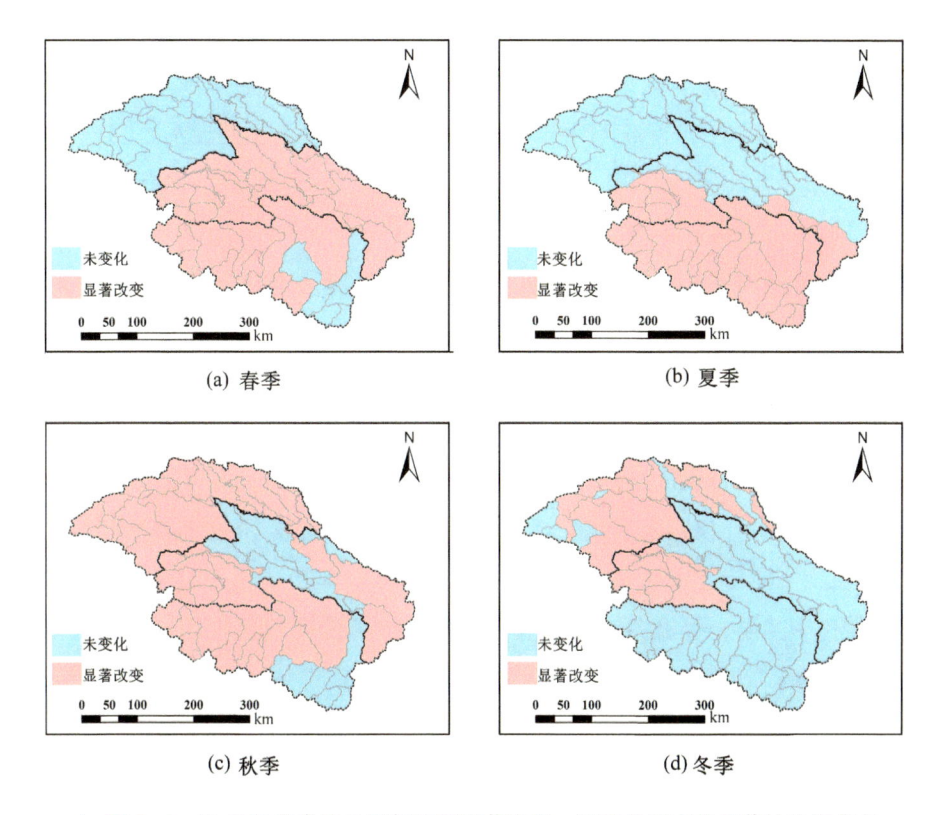

▲ 图 5-4　90 日尺度类型 Ⅰ 引起不同季节降雨—径流关系变化显著的空间分布

5.2.3　干旱期降雨—径流关系变化幅度

基于干旱传递过程降雨—径流关系变化幅度进行定量分析，以探明干旱传递过程中流域产流能力究竟是减弱还是增强及具体的变化范围。降雨—径流关系变化幅度 M 的计算如下：

$$M = \frac{\beta_p - \beta_{np}}{\beta_{np}} \tag{5-6}$$

式中，β_p 和 β_{np} 分别为线性模型(5-4)、(5-5)的回归系数。

图 5-5 为不同时间尺度下气象—水文干旱传递事件导致季节降雨—径流关系变化幅度直方图。从图中可以看出，绝大部分干旱传递过程中降水径流关系

变化幅度小于0%,即在气象干旱向水文干旱传递中降雨转化为径流的能力减弱,变化幅度可达-300%;仅有极少数状况下降雨—径流关系变幅大于0%,可能是由于线性模型拟合效果差,加上传递期样本与非传递期样本差异较小导致估计的变幅为正,对于这部分因统计分析导致变化幅度为正的样本,在分析中应当剔除。干旱传递导致降雨—径流关系出现显著与不显著变化的幅度分布是不同的,且各季节存在一定的差异:在春季、夏季以及秋季,图象呈明显的偏态分布,降雨—径流关系显著变化的幅度基本高于不显著变化的幅度,而在冬季,直方图更为平缓,降雨—径流关系显著变化的幅度与无显著变化的幅度差异相对较小。随着时间尺度增长,降雨—径流关系显著变化的幅度稍有增大,直方图稍向左偏移,例如在30日尺度下,春季降雨—径流关系变化幅度为-180%~-0.17%,在365日尺度下变化幅度为-298%~-3.9%。在气象干旱向水文干旱传递过程中不仅降雨量减少,降雨的产流量也可能减小,在前文所述的气象干旱向水文干旱传递中水分亏缺增强的效应并不只是由传递中历时延长效应引起的,传递中降雨—径流关系的明显改变也导致了传递过程中径流量与降雨量的非等比例减小。

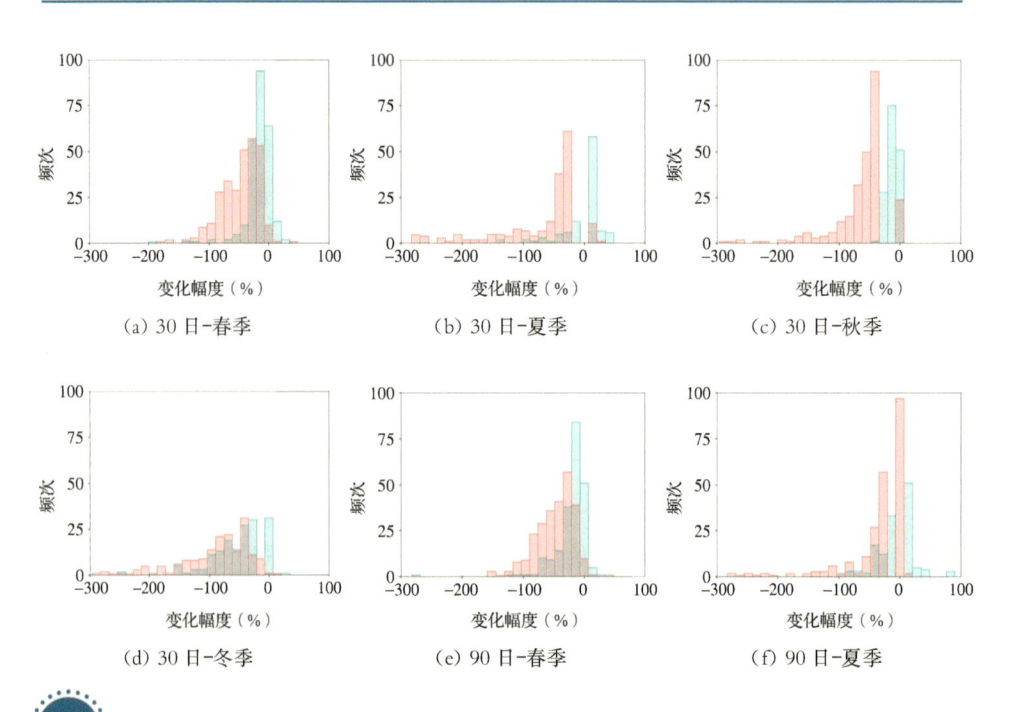

(a) 30日-春季

(b) 30日-夏季

(c) 30日-秋季

(d) 30日-冬季

(e) 90日-春季

(f) 90日-夏季

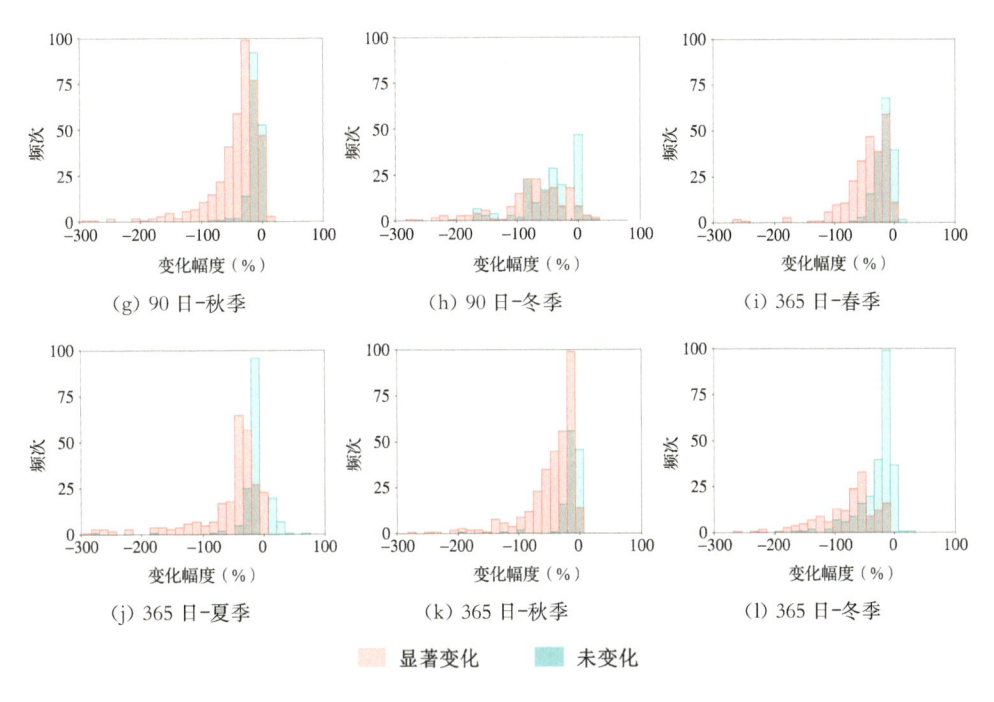

(g) 90 日-秋季　　(h) 90 日-冬季　　(i) 365 日-春季

(j) 365 日-夏季　　(k) 365 日-秋季　　(l) 365 日-冬季

■ 显著变化　■ 未变化

▲ 图 5-5　全流域不同时间尺度各季节干旱传递过程降雨—径流关系变化显著与不显著的幅度对比

由于流域气候地形等自然地理条件本身导致流域对干旱状况的抵御能力低，降雨—径流关系可能更易受干旱的影响，进一步地对各子流域在传递过程中降水径流关系变化显著的季节及传递事件进行分析，以探究变化幅度是否呈现区域性变化。图 5-6 中显示了各子流域在传递过程中降雨—径流关系变化显著的幅度均值。从图中可以看出，不同时间尺度下气象干旱向水文干旱传递过程中降雨—径流关系的变化幅度具有明显的空间差异性，整体呈现山区小、平原区大的空间分布格局，这表明相对平坦且降水量较小的流域，干旱传递期间降雨—径流关系变化幅度更大，这也解释了干旱相对亏缺特征比在区域 A、B 较小的原因。同时，对比图 5-5 也可看出，在相对湿润的夏、秋季，降雨—径流关系变化幅度小而集中，但在冬春季则相反。随着时间尺度增长，传递过程中降雨—径流关系的变化幅度略有增大，如前文所述，在长时间尺度下多为历时长、亏缺大的大旱或是多年连旱事件，在更长时间尺度的气象—水文干旱传递过程中可能包含了农业干旱、地下水干旱等，因而在长时间尺度的传递过程中降水亏缺对径流可能会造成更大的影响。

(a) 30日　　　　　　　　(b) 90日　　　　　　　　(c) 365日

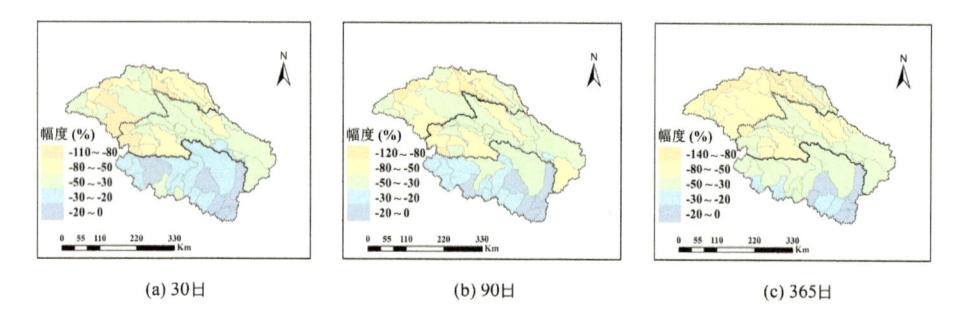

▲ 图 5-6　30、90 及 365 日尺度干旱传递过程中降雨—径流关系变化幅度均值空间分布

5.3　气候、流域下垫面要素对干旱传递过程的影响机制

上一小节分析了不同季节下干旱传递过程中降雨—径流关系的变化，下文从流域水量平衡的角度探究气候（降水、潜在蒸散发）和下垫面要素（实际蒸散发、土壤含水量、基流等）在干旱期内径流对降水亏缺响应关系的影响机制，以提高极端干旱期产流机制的认识，提升水文模型在干旱模拟的精度。

以 90 日尺度为例，图 5-7 展示了区域 A 子流域 17（漯河子流域）不同季节降水量、实际蒸散发量、土壤含水量、基流量及地下水埋深在干旱期与非干旱期的对比，并通过 K-S 双样本检验反映干旱期与非干旱期降水量、实际蒸散发量等是否具有显著差异，由于该子流域不同季节潜在蒸散发量的变化并不显著因而并未在图中列出。从图中可以看出，在不同季节影响干旱传递过程的水文气象变量具有一定差异，且各因素在不同季节的变化也不同：相较于非干旱期，春季漯河子流域在干旱期降水量、实际蒸散发量、土壤含水量以及基流量均显著减小，地下水埋深有所增大但并未拒绝 K-S 双样本检验的原假设；夏季该子流域在干旱期降水量、实际蒸散发量和基流量相较于非干旱期均显著减小；而在秋冬季，干旱期与非干旱期仅基流量和地下水埋深具有显著差异，干旱期与非干旱期的降水量、实际蒸散发量以及土壤含水量的变化范围有所差异，但中值变化并不显著。整体上，就漯河子流域而言，气候相关的降水量仅在春夏季的干旱期显著减小，下垫面相关的因素在各个季节的作用均有所不同，干旱期的实际蒸散发量在春夏季显著减小，而土壤含水量仅在春季具有显著变化，基流量在除夏季外均发生了显著减小，而地下水埋深仅在秋冬季有显著升高，下垫面是漯河子流域干旱期降雨—径流关系改变的最主要原因。

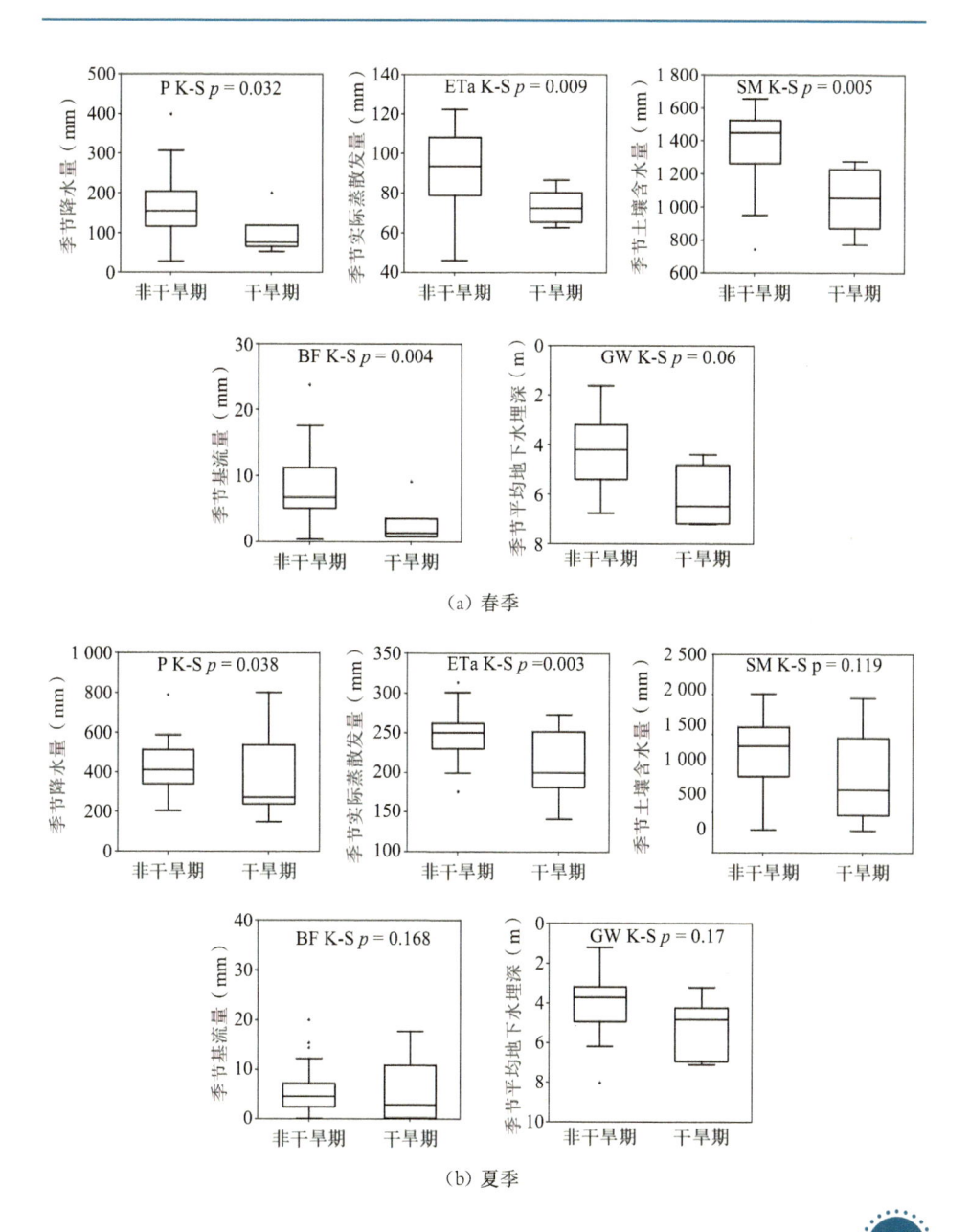

(a) 春季

(b) 夏季

(c) 秋季

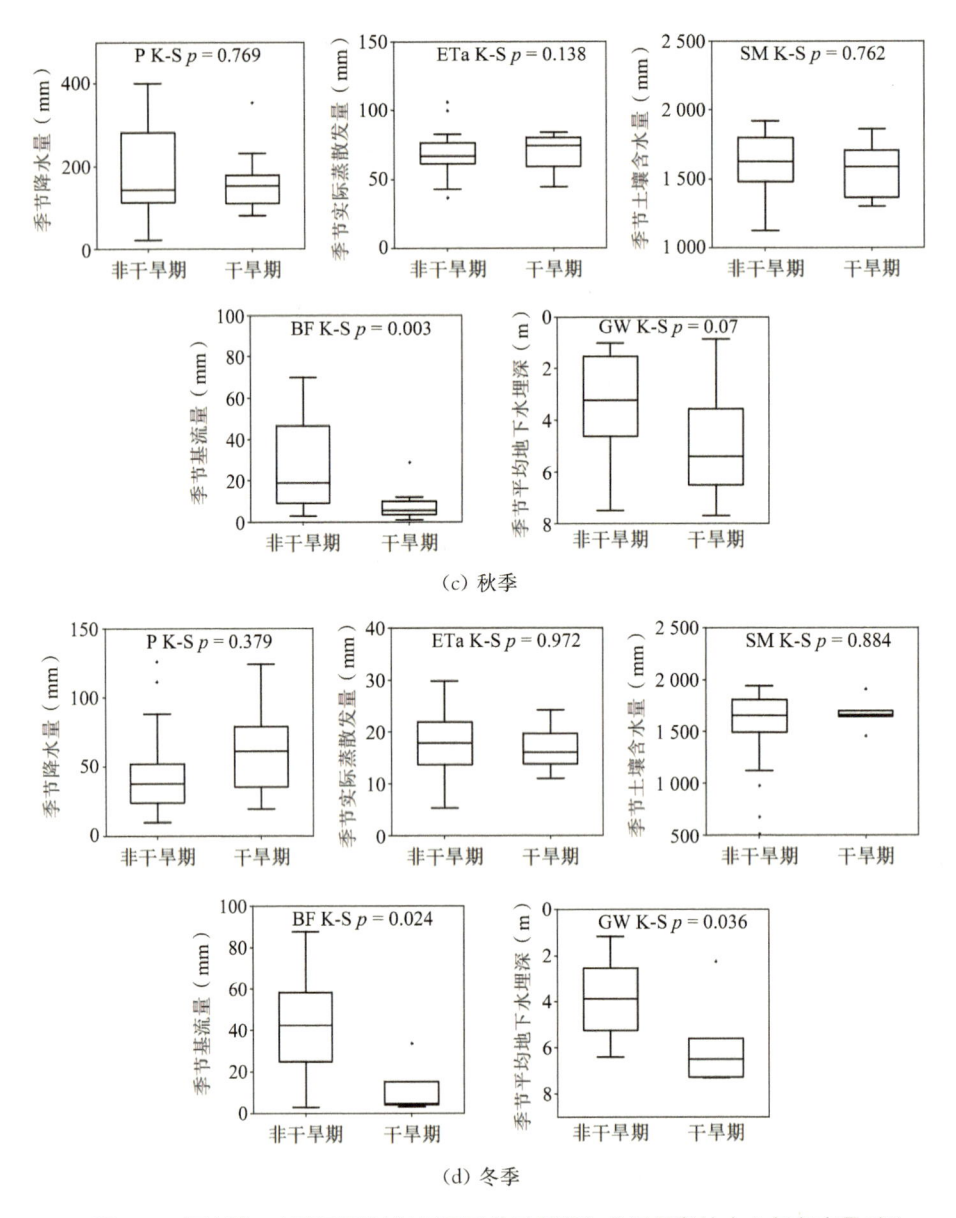

(d) 冬季

▲ 图 5-7 子流域 17(漯河子流域)不同季节干旱期与非干旱期的水文气象变量对比

注：P 为降水；ETa 为实际蒸散发；SM 为土壤含水量；BF 为基流；GW 为地下水埋深；p 为 K-S 检验 p-value。

对所有子流域各因素在干旱期是否存在显著变化进行统计,结果如图 5-8 所示。从图中可以看出,在不同季节各水分要素在干旱期与非干旱期均有不同比例的 K-S 双样本检验原假设被拒绝,即干旱期与非干旱期水文气象变量存在显著差异。不同季节下潜在蒸散发量在干旱期与非干旱期的差异并不显著,而不同季节基流和地下水埋深干旱期与非干旱期存在显著差异的假设被拒绝的占比均突出,降水量、土壤含水量以及实际蒸散发量在春夏秋通过 K-S 双样本检验的子流域占比较大,但在冬季较小。

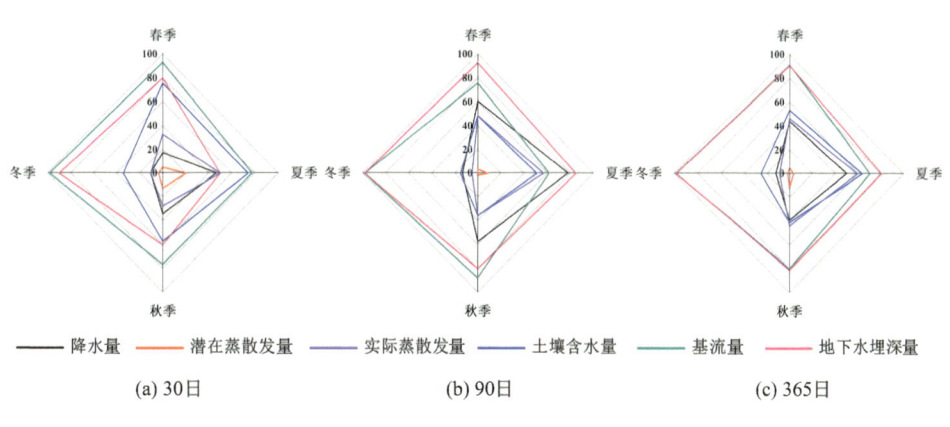

▲ 图 5-8　水文气象变量在干旱期显著变化的子流域占比(%)

K-S 双样本检验仅初步对比了干旱期与非干旱期流域水量平衡各组分是否具有显著差异,进一步地采用 Lindeman-Merenda-Gold(LMG)模型确定降水、实际蒸散发、土壤水、基流及地下水埋深对干旱期径流衰减的相对重要性,定量揭示气候、下垫面因素在干旱传递中的影响。为消除量级的影响,对所有因素进行归一化处理,表征季节性变化的 90 日尺度相对重要性分析结果如图 5-9 所示。从图中可以看出,降水量和基流量在不同区域和季节均有着较高的相对贡献率,但不同季节和区域有所差别:春季降水、实际蒸散发、土壤水、基流以及地下水埋深的变化对干旱期径流减少均有所贡献;夏季相对贡献率最大的是降水和基流,其余变量的相对贡献率均小于 0.1;秋季相对贡献率较大的是降水、基流和土壤水;冬季基流的相对贡献率最大,其次是降水和地下水埋深,而在区域 A,地下水埋深相对贡献率的中位数甚至高于降水。就三个区域而言,各区域间降水较高的区域 C 降水的相对贡献较大,区域 A、B 间差异较小,基流的相对贡献较大。

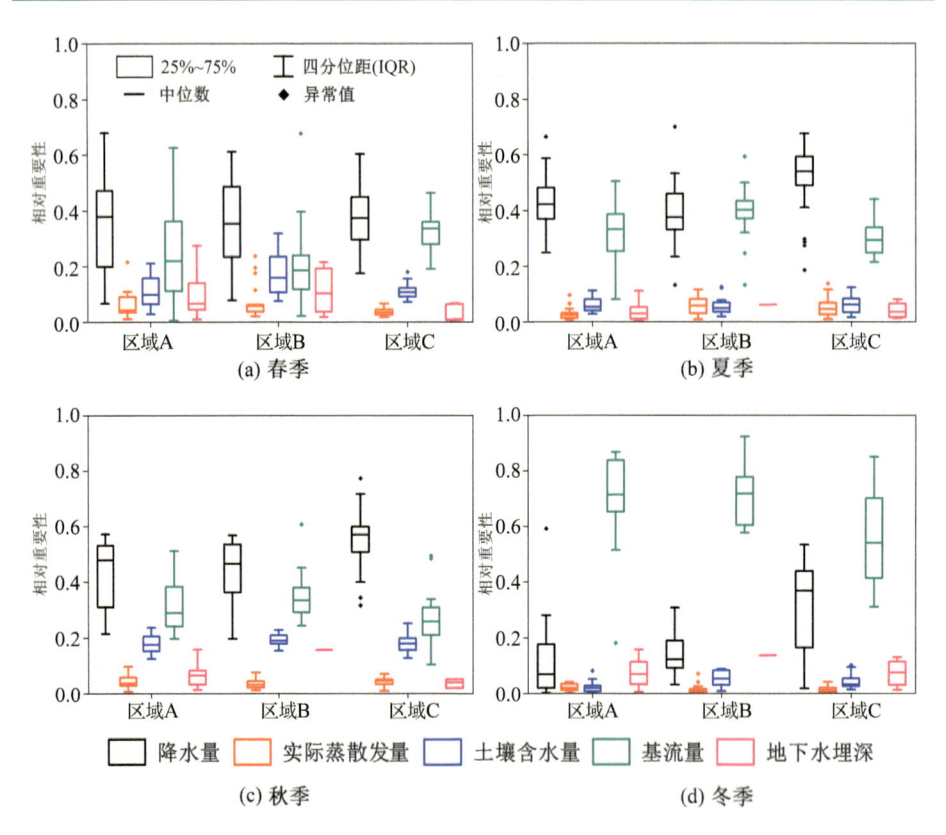

▲ 图5-9 90日尺度下气象干旱向水文干旱传递过程水文气象变量的相对重要性

春季前期土壤含水量偏低、地下水埋深偏高，干旱期实际蒸散发量受到土壤有效持水量不足的抑制，土壤含水量的减少导致向地下水的补给量减少，可能导致地下水水位降低，而地下水向径流的补给量与地下水位高度相关，地下水位低也即埋深高时向径流补给较少，这种补给通常通过响应较慢的传播路径即基流完成；在夏季，干旱期降水量偏小，受土壤含水量小的影响，实际蒸散发量有所减少，其次土壤含水量的减少导致包气带增厚、干化，降水落入地面后更多的是下渗补充土壤含水量，这使同等降水条件下的产流减小，此外地下水的补给来源主要为大气降水的缓慢补给，土壤含水量过低导致补给浅层地下水的水量也减小，使得冬季地下水位偏低，对气象干旱的抵御能力下降加之对径流的补给削减，易导致冬季水文干旱的形成；秋季经历了较湿润的夏季，前期土壤含水量较高，受潜在蒸散发量有所增加的影响,干旱期实际蒸散发量增大,降水落入地面后更多的是下渗补充土壤含水量;冬季径流补充来源主要是地下水和基流,在极端干旱条件下,地下水向河道径流排泄量的减少是冬季径流减少的主要原因。整体而言,降水和基流对干旱期降水径流关系的变化起到了关键性作用。从径流成分而言,汛期以及丰水年,径流主要来源于响应较快的地表径流,而在枯水年份和枯水季节,尤其是冬季,淮河流域天然径流大部分来自于河川基流补给,因而基流在气象干旱向水文干旱的传递中具有至关重要的地位。

地下水埋深反映的地下水变化在相对重要性分析中的作用并不显著,图 5-10 显示了典型子流域在气象—水文干旱传递过程中的地下水埋深变化情况。从图中可以看出,气象干旱向水文干旱传递过程均对应了地下水埋深高的时段,尤其在长时间尺度上,这种响应关系更为显著,由于长时间尺度指示的多为极端干旱,在极端干旱状况下地下水的作用更为突出。在地下水储存量较大的区域,干旱年份观测到的径流大部分是由地下水释放补给的,持续的降水亏缺导致地下水得不到充足补给,地下

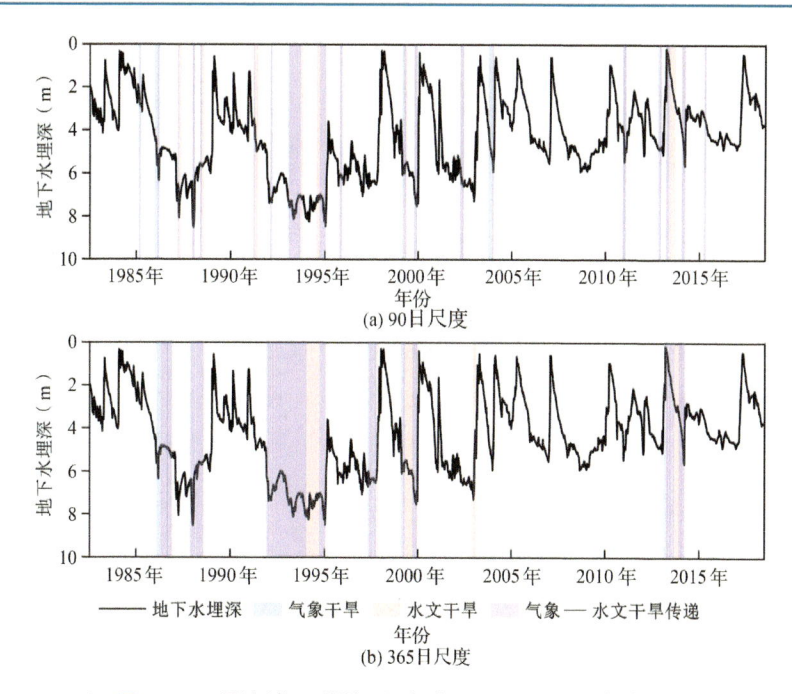

▲ 图 5-10 子流域 17(漯河子流域)90、365 日尺度气象—水文干旱传递与地下水埋深时间序列

水位下降，而地下水对径流的补给量与地下水位高度相关，地下水位下降进而使地下水向径流的补给量削减，水文干旱（在此为河道径流表征）进一步持续。

本研究与以往对水文干旱期间降雨—径流关系改变的研究结论基本一致（如 Wu et al.，2021），但从季节降雨—径流关系的角度，也可以看出并不是所有的干旱传递都引起降雨—径流关系的改变。干旱传递过程本质上是一个受土壤湿度、蒸散发量、地下水位等调节的降雨—径流转换过程。已有学者从不同角度探讨了不同水分要素在干旱传递过程的作用机制，如 Ding 等（2021）分析潜在蒸散发、降水、土壤水对中国不同气候区干旱传递的作用机制，结果显示在淮河流域所处的气候过渡带，降水和土壤水是影响气象—水文干旱传递的关键要素；Deb 等（2019）指出降水、潜在蒸散发以及地下水位是澳大利亚多年干旱期间降雨—径流关系变化的主要原因；Wu 等（2021）建立有效降水产流量的指标，探讨了降雨—径流关系改变对水文干旱内在过程的影响。本研究从季节尺度探讨了降水、潜在蒸散发、实际蒸散发、基流、地下水埋深对干旱期降雨—径流关系改变的影响机制，揭示了降水和基流在干旱期使降水转化为径流能力降低的主要贡献。

5.4　人类活动对干旱传递的影响机制

人类活动可以通过温室气体排放间接影响干旱传递过程，也可通过改变河流蓄存状态与水力联系引起河流与地下水系统调蓄功能变化，或者通过改变用水时空结构与分布（灌溉与城镇化）引起地表产流条件与耗排条件的变化，从而直接影响气象干旱向水文干旱的传递过程。本节通过相似流域对比以及水文模型模拟探讨水库调蓄以及土地利用覆盖变化对干旱传递特征及过程的影响。

5.4.1　水库调蓄对干旱传递的影响

前文以库容比作为表征水库调蓄对径流的影响因子，与水文干旱及传递特征的相关性并不密切，其原因可能在于未考虑不同水库的功能及调节周期，库容比作为水库调蓄影响因子与干旱传递特征相关性较弱。进一步根据 Van Loon 等（2019）提出的相似流域评估人类活动对水文干旱影响的分析框架，通过比较流域间的气候、地形、土壤、土地利用以及人类活动等特征的异同，最终选择位置相近但不相邻、具有相似气候和地理特性的谭家河流域(无水库流域)和新县流域(水库调节流域)作为相似流域,基于实测数据分析水库调蓄对水文干旱及干旱传递的作用。

谭家河流域及新县流域位置如图3-1所示,新县流域内香山水库位于流域出口上游,是一座中型水库,水库功能主要是防洪和城市供水。表5-4列出了相似流域的气候条件、流域特征及人类活动因子,从表中可以看出谭家河和新县流域气候条件相似(多年平均降水量和多年平均潜在蒸散发量差别在10%以内且年内变化程度一致),地形、土壤类型相似,且流域内土地覆盖类型和人口相差不大,不同点在于基准流域谭家河流域没有水库,而新县流域出口水文站上游有中型水库,降雨—径流过程受水库调蓄影响,因此可将两者间水文干旱及干旱传递特性的差异原因归为水库调蓄的影响。

表5-4 相似流域的气候、流域特性及人类活动特征

流域	面积 (km²)	多年平均降水量 (mm)	多年平均潜在蒸散发量(mm)	SI	地形指数	土地覆盖类型(%) 耕地	土地覆盖类型(%) 林地	土壤类型(%) 壤土	土壤类型(%) 粉壤土	人口 (万人)
谭家河(无水库)	173	1 232	64.2	0.52	7.8	17.8	82.1	72.6	27.4	3.7
新县(有水库)	274	1 319	64.0	0.52	7.5	13.8	81.6	76.7	23.3	4.0

相似流域的水文干旱特征如表5-5所示。相较于无水库流域,由于水库调蓄的影响,新县流域的最大水文干旱历时、平均水文干旱相对亏缺和最大水文干旱相对亏缺分别减弱28.0%、22.8%和27.4%,但是两个流域的干旱频次和水文干旱平均历时无明显差异。从SRI表征的干旱等级来看,相较于无水库流域,受水库影响的新县流域严重干旱历时有所增长、极端干旱历时相对缩短,中等干旱的历时没有较大变化。相似流域的干旱传递特征如表5-6所示,表中显示从气象—水文干旱传递关系上看,水库调蓄减小了气象干旱向水文干旱的传递概率$P(H|M)$,也就是说,在气象干旱发生的条件下,水库调蓄流域水文干旱发生的概率减小了25.0%,这表明水库调节提高了径流对降水亏缺的抵御能力。而相较于无水库流域,水库调节流域的类型Ⅱ发生概率$P(M|NH)$和类型Ⅲ发生概率$P(H|NM)$均有所增加,尤其是$P(H|NM)$增加近一倍(82.6%),表明水库调蓄虽然增强了径流对降水亏缺的抵御能力,但也导致无气象干旱发生时水

文干旱发生的概率增加。进一步统计水库调蓄流域类型Ⅲ中处于汛期末(即水库蓄水期,9—10月)的水文干旱事件数目,占类型Ⅲ水文事件数的35%,这类水文干旱事件历时均小于40日,严重程度偏弱。就传递阈值而言,无水库流域和水库调蓄流域气象干旱诱发水文干旱的阈值历时相差不大,但阈值相对亏缺有所差异,水库调蓄使诱发中等、严重、极端等级水文干旱相对亏缺的阈值分别增加32.2%、29.4%和34.9%,引发极端等级水文干旱相对亏缺的气象干旱阈值增加幅度尤为显著。

表5-5 相似流域水文干旱特征对比

流域	干旱频次	历时(日) 均值	历时(日) 最大值	相对亏缺 均值	相对亏缺 最大值	不同等级干旱历时占比(%) 中等干旱	不同等级干旱历时占比(%) 严重干旱	不同等级干旱历时占比(%) 极端干旱
谭家河(无水库)	45	44.0	168	29.8	154.2	72.7	22.8	4.5
新县(有水库)	47	43.4	121	23.0	112.0	72.9	26.0	1.1
差异(%)	4.4	-1.4	-28.0	-22.8	-27.4	0.3	14.0	-75.6

表5-6 相似流域干旱传递特征对比

流域	传递时间(日)	P(H|M)	P(M|NH)	P(H|NM)	阈值历时(日) 中等干旱	阈值历时(日) 严重干旱	阈值历时(日) 极端干旱	阈值相对亏缺 中等干旱	阈值相对亏缺 严重干旱	阈值相对亏缺 极端干旱
谭家河(无水库)	10.0	0.64	0.44	0.23	21.0	33.9	60.7	11.5	15.3	27.5
新县(有水库)	10.9	0.48	0.58	0.42	21.6	34.4	62.5	15.2	19.8	37.1
差异(%)	0.9	-25.0	31.8	82.6	2.9	1.5	3.0	32.2	29.4	34.9

选取1999—2001年这一典型干旱年期间的干旱事件进一步探究水库调蓄对气象干旱向水文干旱传递过程的影响。图5-11显示了30日尺度两个流域的典型干旱事件过程,从两个流域SPI与SRI过程线对比可以看出,谭家河流域SPI与SRI干湿变化较为一致,但新县流域SPI与SRI的相关关系相对较弱,在1999—2001年SPI与SRI相关系数仅为0.42,且在2000年9月—2001年2月SPI指示湿润的条件下,SRI仍指示径流处于偏干状况,这表明由于水库调蓄的

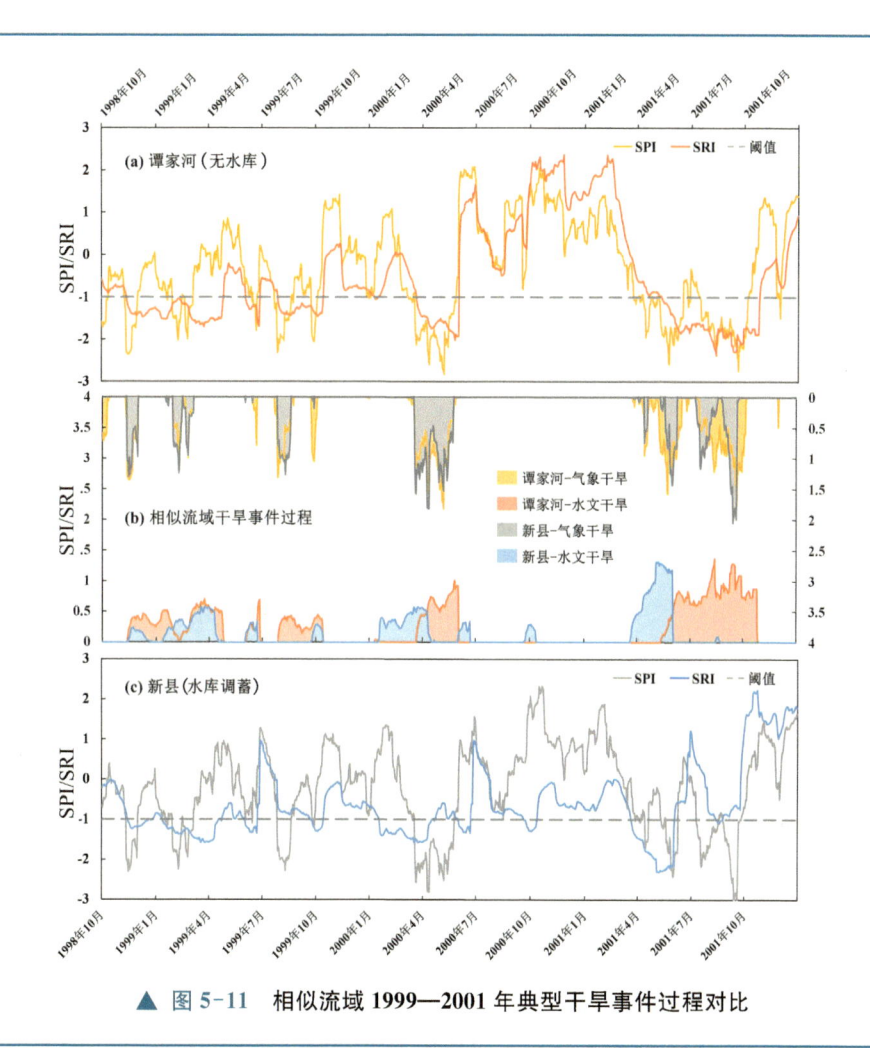

▲ 图 5-11　相似流域 1999—2001 年典型干旱事件过程对比

影响,径流量对降水量的响应关系明显变弱。在 1999 年汛期期间,由于降水量异常偏少,无水库流域出现了一场中等规模的水文干旱,但新县流域水文干旱严重程度远小于谭家河流域。在 2000 年 1—5 月,由于水库蓄水的影响,下游的来水量减少,新县流域在无明显降水亏缺的条件下发生水文干旱,且干旱持续至气象干旱发生一段时间后水库放水得以缓解,而谭家河流域水文干旱略晚于气象干旱发生。在 2001 年春夏连旱期间,新县子流域前期径流条件更枯,规模同等的气象干旱事件在两个流域传递为具有显著差异的水文干旱事件:由于前期径流条件偏枯,新县流域在 SPI 反映出变干的趋势时 SRI 随即响应,由于水库蓄水下游径流指示水文干旱提前,开始时间早于谭家河流域 54 日,历时和相对亏缺分别为 74 日和 87.0,远低于谭家河流域(历时和相对亏缺分别为 168 日和 154.2),使历时和相对亏缺分别缓解 56.0%、43.6%,反映出在极端干旱状况下水库对水文干旱的减缓作用。但是,上游水库在汛期末蓄水使下游河道径流量减少,在前期径流量偏枯的情况下可能发生历时短和严重程度偏弱的水文干旱,2000 年 10 月的水文干旱便是这样发生的(图 5-11),也正是水库的这种作用使得水库调节流域与无水库流域的平均干旱历时差异较小。

相似流域对比的方法受流域尺度影响很大,一般应用在中小尺度流域,且判别相似流域的条件严苛,不仅要求流域具有相似的面积、气候、植被、土壤、坡度、坡向等自然地理条件,位置相近,并且要求除探讨的人类活动影响外,其他人类活动尽可能相同,因此在定量分析人类活动对干旱特性的作用机制时更常采用的方法是流域受人类活动干扰前后期或河流受干扰段上下游观测数据对比、水文模型模拟及水文时间序列分解的方法,其中只有水文模型可以定量区分土地利用覆盖变化、水库调度、灌溉用水等不同类型人类活动对干旱传递的影响程度,其余方法只能反映人类活动的综合影响。本研究根据相似流域初步估计了小流域内中型水库对气象干旱向水文干旱传递过程的影响程度,由于数据可靠性等的影响,相似流域的配对存在一定的不确定性,其结论可与其他方法进一步对比印证。

5.4.2 土地利用变化对干旱传递的影响

流域内水库多位于上游山区,已有研究表明距离坝址越远,水库对干旱传递的影响越小(Guo et al.,2021),因而在此并未探讨水库调蓄对整个流域干旱传递特征的影响。土地利用变化对干旱传递的影响通过在模型中不同土地利用情景的模拟对比进行分析。图 5-12 显示了 1995 年、2010 年土地利用类型的分布,流域主要土地利用类型是耕地、建设用地和林地,面积占比均在 10%以上,水体、草地及未利用土地所占比例较小,其中 1995 年耕地、建设用地、林地、水体、草地面积所占比例分别为 70.9%、11.5%、11.8%、2.5%、3.3%;2010 年分别为 69.9%、12.4%、11.7%、2.7%、3.2%。1995—2010 年,除耕地和建设用地外,其余类型的面积差异并不显著。基于 1995 年、2010 年土地利用数据分析了流域内 1995—2010 年土地利用变化情况和土地利用类型转移的空间特征,如图 5-13 所示。从图中可以看出,1995—2010 年,研究区的土地利用类型变化面积从大到小依次为：耕地＞建设用地＞水体＞林地＞草地＞未利用土地，其中建设用地呈增加趋势，共增加 1 120 km^2，耕地呈减少的趋势，共减小了 1 243 km^2，水体面积共增加了 264 km^2，林地、草地等土地利用类型的变化并不明显。单一动态度为定量表示某种土地利用类型变化速度的指标，在 1995—2010 年，水体和建设用地的单一土地利用动态度最大，分别达到了 0.81% 和 0.76%，这表明水体和建设用地呈现快速扩张的态势，耕地的单一动态度相对较小，仅为 0.14%，这是由于耕地总面积较大，变化速度相对较小。从土地利用类型空间转移而言，耕地向建设用地的转移最为明显，较为均匀地分布在流域除西南部外的各个区域[图 5-13(b)]。

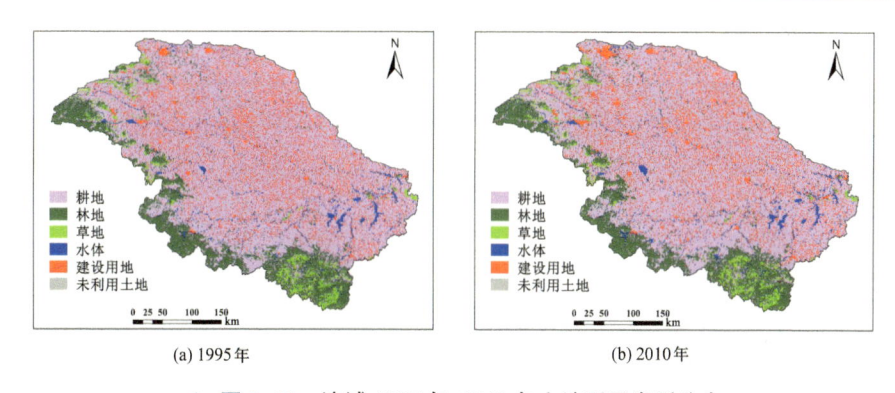

▲ 图 5-12　流域 1995 年、2010 年土地利用类型分布

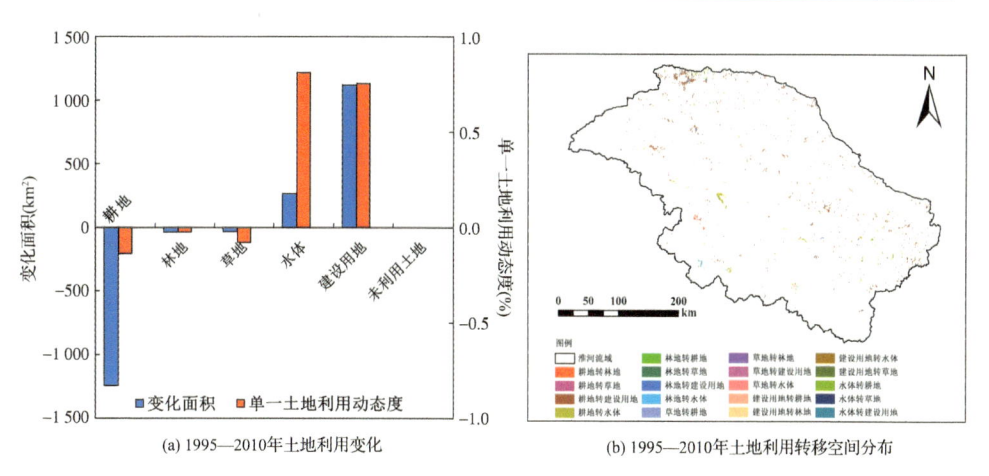

▲ 图 5-13　流域 1995—2010 年土地利用变化统计及土地利用转移空间分布

以气象数据输入不变，以1995年土地利用数据代替2010年土地利用数据，并修改相应的土地利用参数，其他参数保持不变，利用模型输出的径流数据计算水文干旱指标并分析土地利用变化对水文干旱特征的影响。土地利用类型变化后，水文响应单元(HRU)由221个减少为213个，以30日尺度为例，水文干旱及传递特征的变化如表5-7所示。从表中可以看出，在流域尺度上土地利用变化对水文干旱特征的影响相对较小，对水文干旱特征的影响均小于6%，这可能是由于流域内土地利用变化分布较为分散，子流域整体的产汇流过程对土地利用变化敏感性较低，因而从研究流域整体而言土地利用变化对水文干旱及干旱传递过程的影响相对较小。

表5-7 不同土地利用情景下全流域水文干旱及干旱传递特征变化

分区	发生频次	历时	相对亏缺	$P(H|M)$	传递时间
区域A	4.35	−5.29	−3.04	4.13	−3.5
区域B	4.13	−5.26	−1.93	4.13	−3.2
区域C	2.38	−4.73	−3.14	3.26	−2.72

注：表中数据为2010年土地利用情景下水文干旱相较于1995年土地利用情景下的变化，单位为%。

选择城镇用地扩张面积最大的子流域1(图4-1中的子流域，位于流域北部)为例来揭示城镇化引起的土地利用类型变化对干旱传递过程的影响机制。子流域1的土地利用类型变化主要是耕地大面积转为建设用地，变化面积200 km^2，占子流域面积的12.5%。以30日尺度为例，通过模拟结果可知(表5-8)，耕地大面积转化为建设用地对干旱的影响首先体现在水文干旱历时、相对亏缺减小，即缓解径流表征的水文干旱，就传递特征而言，气象干旱向水文干旱的传递时间减小了10.2%，但类型Ⅰ的传递概率$P(H|M)$增加了7.3%。结合实际蒸散发量、土壤含水量及基流量的变化，从产汇流的角度来看，城镇化对干旱传递的影响机制可以解释为地表不透水面积增加，降水入渗减少，耕地大规模转化为建设用地，实际蒸散发这一水分支出项减少的同时增加了地表产流量，使得干旱期内径流的水分亏缺减小；从地表以下的水分运动而言，土壤含水量减小，一方面流域调蓄作用减弱，弱化了流域对降水亏缺的抵御能力，从而增加了传递时间和引发水文干旱的概率，另一方面补给地下水量减少，相应地干

期内地下水对河道径流的补给量减少,可能诱发或加剧地下水干旱,进而增加干旱严重程度。从该流域的模拟结果而言,城镇化引起的实际蒸散发减小对干旱的缓解作用大于地下水补给减小对干旱的加剧作用,因而径流指示的水文干旱严重程度呈现缓解的趋势。

表 5-8　城镇化典型流域不同土地利用情景下流域水文及干旱传递特征对比

时期	基流量 (mm/d)	土壤含水量 (mm/d)	实际蒸散发量 (mm/d)	历时 (日)	相对亏缺	传递时间 (日)	$P(H\|M)$
1995 年	0.31	9.12	0.95	34.9	18.7	37.1	0.41
2010 年	0.26	8.20	0.86	32.9	17.7	33.3	0.44
差异(%)	-16.1	-10.1	-9.5	-5.7	-5.3	-10.2	7.3

注:表中径流量、土壤含水量及蒸散发量均为干旱期日均值。

5.5　小结

本章首先基于代表气候、下垫面及人类活动的影响因子,通过相关与偏相关分析初步探讨气候、下垫面及人类活动对干旱传递特征的影响;其次,从干旱期降水径流关系的角度揭示不同季节气候、流域下垫面在干旱传递中的影响机制;再次,通过对比有、无水库的相似流域的干旱传递特征,揭示水库调蓄对干旱传递过程的影响;最后,通过模型输入不同时段的土地利用类型模拟不同土地利用情景下的径流过程,探讨土地利用变化代表的人类活动对干旱传递过程的影响。本章得出的主要结论如下:

(1)年平均降水量、季节指数等气候因子对水文干旱历时的影响最为显著,而表征流域下垫面特征的地形指数对水文干旱相对亏缺、发展速度及传递特征的相关性总体最强,流域的调节作用对气象干旱向水文干旱的传递过程具有不可忽略的影响。耕地面积对水文干旱的影响远远小于地形指数的作用,表明灌溉用水对水文干旱的影响小于流域自然地理特性对水文干旱的影响。

(2)极端干旱状况下气象干旱向水文干旱传递过程中降水径流关系易发生明显变化,降雨转化为径流的能力降低,降低幅度约-298%~0%,从空间分布而言变化幅度整体呈现山区小、平原区大的空间分布格局。

(3) 不同季节影响降雨—径流关系变化的原因有所不同,春季是降水、实际蒸散发、土壤水、基流量以及地下水埋深,夏季是降水和基流,秋季是降水、基流和土壤水,而冬季主要是基流和降水,归因分析的结果表明降水代表的气候因素和基流代表的流域下垫面因素对干旱传递过程中降雨—径流关系变化起着关键性的作用。

(4) 水库调蓄对干旱传递具有双重影响,一方面水库调蓄提高了径流对气象上水分亏缺的抵御能力,水库调节流域极端水文干旱的历时缩短和相对亏缺减小,气象干旱向水文干旱传递(即类型Ⅰ)的概率也减小了 25.0%;另一方面由于水库蓄水导致河道径流出现短暂亏缺时段,水库调节使无气象干旱条件下水文干旱发生(即类型Ⅲ)的概率增大了 82.6%,但这种情形的水文干旱通常历时短、严重程度弱。

(5) 1995—2010 年,研究区土地利用类型变化面积从大到小依次为:耕地＞建设用地＞水体＞林地＞草地＞未利用土地,其中建设用地呈增加趋势,耕地呈减少的趋势。从土地利用类型转移而言,耕地向建设用地的转移最为明显。典型流域的结果显示耕地大面积转化为建设用地缓解了径流表征的水文干旱,但提高了气象干旱向水文干旱的传递概率且缩减了传递时间。但是由于土地利用变化分布较为分散,土地利用类型变化对整个流域干旱传递过程影响较小。

第六章

结 语

6.1 主要研究结论

首先基于长序列降水数据系统探讨了标准化降水指数在中国不同气候区应用的最优配置及气象干旱评估的不确定性,以位于南北气候过渡带及人类活动强烈影响的淮河蚌埠以上流域为主要研究区,通过站点观测、模型模拟两种途径,构建气象—水文干旱传递特性量化分析框架分析气象干旱向水文干旱传递过程的非线性特征以及传递特性的多尺度效应,揭示气候、流域下垫面以及水库调蓄、土地利用覆盖变化代表的人类活动对干旱传递过程的影响机制。本研究的主要结论如下:

(1) 不同气候区气象干旱指数计算的不确定性分析

① 在中国不同气候区采用 SPI 进行干旱评估时,Gamma 分布对不同时间尺度累积降水量序列拟合总体效果最优。影响 SPI 时间尺度适用性的主要因素是累积降水量序列中的零值所占比例,为确保 SPI 指示干旱的有效性,湿润区、半湿润半干旱区及青藏高原区域(主要是东部)、干旱区应用的适宜时间尺度应分别为 20 日、30 日、90 日及以上。随着序列长度的增长,Gamma 分布参数及 SPI 值的不确定性降低。置信区间宽度减小的幅度随时间序列增长而趋于平缓,从降低不确定性的角度,计算 SPI 的序列长度应为 70~80 年。

② 随着 SPI 绝对值增大,SPI 计算的不确定性逐渐增大,但这种不确定性对干旱评估的影响随序列长度的增加而减小。在评估未来情景下的气象干旱时,基准期样本的代表性及不确定性对干旱评估影响较大,应谨慎选择基准期,避免其与当地气候常态相差过大,影响干旱评估结果的合理性。

(2) 基于观测数据的气象—水文干旱传递特性分析

① 气象干旱与水文干旱的发展与恢复过程具有显著的非对称性,即相较于恢复期,水文干旱和气象干旱的发展期历时更长、速度更为平缓,水文干旱的非对称性相较于气象干旱更明显。

② 构建了包括特征提取、传递关系判别以及定量分析的传递特性量化分析框架,从干旱发展/恢复速度、时滞效应及水分亏缺量变化等方面系统量化了传递特性。根据气象干旱与水文干旱时间交集特征将传递关系分为三类:类型Ⅰ

是气象干旱引发水文干旱,类型Ⅰ具有发生时间滞后、历时延长、水分亏缺增强和速度削减的特征;类型Ⅱ是气象干旱未引发水文干旱,这种对应关系是由于气象干旱程度较弱或是流域前期径流量偏丰造成的;类型Ⅲ是水文干旱在无气象干旱条件下发生,大多数是由于流域前期径流量偏枯再加上气象条件虽未形成干旱但偏干或是水利工程调节或大规模灌溉用水导致出现短暂的水文干旱时段,一般历时短、严重程度弱。

③ 所选站点地下水埋深主要受降水补给,除漯河流域外地下水埋深均呈现显著上升趋势,与流域内地下水的过度抽取与开采有关。SGDI 显示地下水干旱事件与典型干旱年份重合程度较高,能较好监测地下水干旱的发生。地下水干旱历时可长达数月甚至数年,远大于气象干旱和径流表征的水文干旱,在漯河和中牟流域地下水干旱发生频次少但历时较长,平均历时可达 13～15 个月。

(3) 基于模型模拟的气象—水文干旱传递特性分析

① 不同时间尺度的干旱指数指示干旱状况有较大区别,短时间尺度多为历时短、亏缺小的干旱事件,而长时间尺度干旱事件多历时长、亏缺大、发展期与恢复期的非对称性有所减弱。随着时间尺度增长,气象干旱与水文干旱事件次数越少,但历时增长,相对亏缺增大,类型Ⅰ的概率增加,但类型Ⅱ和类型Ⅲ的发生概率逐渐减小,气象干旱向水文干旱传递时间增加。

② 不同时间尺度的水文干旱及传递特征空间分布格局相似:降水量小、季节性强的北部区域水文干旱历时较长,山区流域多、地形较陡的南部区域相对亏缺较大。类型Ⅰ的发生概率呈现平原区域小、山区大的分布,类型Ⅱ和类型Ⅲ的发生概率则相反。站点观测与模型模拟揭示的气象—水文干旱传递特性空间分布规律较为一致。

(4) 干旱传递过程的影响机制分析

① 年平均降水量、季节指数等气候因子对水文干旱历时的影响最为显著,而表征流域下垫面特征的地形指数与水文干旱相对亏缺及传递特征的相关性最强。就人类活动而言,耕地面积对水文干旱的影响远远小于地形指数的作用,表明灌溉用水对水文干旱的影响小于流域自然地理特性对水文干旱的影响。

② 极端干旱状况下气象干旱向水文干旱传递过程中降雨—径流关系易发生改变,降雨转化为径流的能力降低,降低幅度范围约 -298%～0%,从空间分布而言变化幅度整体呈现山区小、平原大的空间分布格局。不同季节影响降水

径流关系变化的原因有所不同,归因分析的结果表明降水代表的气候因素和基流代表的流域下垫面因素对干旱传递过程中降水径流关系变化起着关键性的作用。

③ 水库调蓄对干旱传递具有双重影响,一方面水库调蓄提高了径流对降水亏缺的抵御能力,极端水文干旱的历时缩短,相对亏缺减小,气象干旱向水文干旱传递(即类型Ⅰ)的概率也减小了25.0%,另一方面由于水库蓄水导致河道径流出现亏缺时段,水库调节使类型Ⅲ的概率增大了82.6%。

④ 1995—2010年流域耕地与建设用地的变化面积最大,分别呈减少及增加趋势,耕地向建设用地的转移最为明显。水文模型模拟结果显示耕地大面积转化为建设用地的城镇化缓解了径流表征的水文干旱,但提高了气象干旱向水文干旱的传递概率且缩减了传递时间。由于土地利用变化分布较为分散,土地利用变化对全流域的干旱传递影响较小。

6.2　展望

本研究在气象—水文干旱传递特性的定量分析及气候、流域下垫面、人类活动对干旱传递的影响机制等方面进行了研究和探索,但仍有不足之处需要在今后研究中进一步完善和深入探讨:

(1) 干旱传递的多维度演变特征

目前对干旱传递的研究多集中在二维层面,但是干旱演变通常表现出特定的时空分布特征与区域差异性,决定了干旱传递不仅具有时间维度特征,更具有空间演变的内涵与特征。从时间维度来看,干旱传递侧重于表征不同干旱类型间在时间尺度上的驱动与反馈关系,合并、滞后、衰减和延长均表现了干旱传递的时间维度特征,但是在空间维度上,不同类型干旱在相同或不同地区间的驱动与反馈关系尚不明确。未来需要更进一步地在揭示干旱的空间迁移规律基础上,从时空维度研究干旱传递的全过程特征。

(2) 气象干旱、农业干旱以及水文干旱的传递关系及形成机制

目前研究多集中于气象干旱与水文干旱(多为径流表征的水文干旱)的传递关系,需要认识到土壤水作为流域下垫面的关键变量在干旱传递过程中具有相

当重要的作用。本研究仅分析了气象干旱与水文干旱的传递关系,全面认识流域水文循环对气象干旱的响应需要关注气象干旱、土壤水表征的农业干旱、径流以及地下水表征的水文干旱间的传递过程,系统揭示不同传递关系的形成机制。农业干旱和地下水干旱研究的难点之一在于土壤水、地下水等数据的获取,未来可将遥感数据产品与水文模型、地下水模型结合,揭示气象、农业、径流及地下水干旱的成因联系及形成机制。

(3) 水库调蓄、用水等不同类型人类活动对干旱传递影响的定量揭示

人类活动的水文效应是水文科学研究关注的重点领域。人类活动对干旱传递的影响十分复杂,对不同区域可能产生不同的影响,如水库上下游之间或者跨流域调水的供水水源地与受水地之间可能出现干旱影响的空间转移。农业灌溉等消耗性用水也是人类活动影响水文干旱的重要形式,不同类型用水具有不同特征,对干旱可能产生差异性影响。本研究对人类活动影响干旱的研究集中在水库调蓄和土地利用变化方面,对于人类活动用水如何影响水文干旱及干旱传递过程的认识较为缺乏,未来研究可进一步考虑自然和社会水循环之间复杂的相互作用过程,定量揭示不同类型人类活动对干旱传递的影响。

参考文献

AKAIKE H. A new look at the statistical model identification[J]. IEEE Transactions on Automatic Control, 1974, 19(6): 716-723.

ANGELIDIS P, MARIS F, KOTSOVINOS N, et al. Computation of drought index SPI with alternative distribution functions[J]. Water Resources Management, 2012, 26(9): 2453-2473.

APURV T, SIVAPALAN M, CAI X. Understanding the role of climate characteristics in drought propagation[J]. Water Resources Research, 2017, 53(11): 9304-9329.

AVANZI F, RUNGEE J, MAURER T, et al. Climate elasticity of evapotranspiration shifts the water balance of Mediterranean climates during multi-year droughts[J]. Hydrology and Earth System Sciences, 2020, 24(9): 4317-4337.

BARKER L, HANNAFORD J, CHIVERTON A, et al. From meteorological to hydrological drought using standardised indicators[J]. Hydrology and Earth System Sciences, 2016, 20(6): 2483-2505.

BHARDWAJ K, SHAH D, AADHAR S, et al. Propagation of meteorological to hydrological droughts in India[J]. Journal of Geophysical Research: Atmospheres, 2020, 125(22): e2020J-D033455.

BLAIN G C, AVILA A M H D, PEREIRA V R. Using the normality assumption to calculate probability-based standardized drought indices: selection criteria with emphases on typical events[J]. International Journal of Climatology, 2018, 38: e418-e436.

BLAIN G C. Revisiting the probabilistic definition of drought: strengths, limitations and an agrometeorological adaptation[J]. Bragantia, 2012, 71: 132-141.

BOISIER J P, DE NOBLET-DUCOUDRÉ N, CIAIS P. Historical land-use-induced evapotranspiration changes estimated from present-day observations and reconstructed land-cover maps[J]. Hydrology and Earth System Sciences, 2014, 18(9): 3571-3590.

BURKE E J, BROWN S J. Regional drought over the UK and changes in the future[J]. Journal of Hydrology, 2010, 394(3-4): 471-485.

CANCELLIERE A, BONACCORSO B. Uncertainty analysis of the Standardized

Precipitation Index in the presence of trend[J]. Hydrology Days, 2009.

CARBONE G J, LU J, BRUNETTI M. Estimating uncertainty associated with the standardized precipitation index [J]. International Journal of Climatology, 2018, 38: e607-e616.

CHANGNON S A. Detecting drought conditions in Illinois[R]. Circular 169, 1987.

CHEN L, XU J, WANG G, et al. Influence of rainfall data scarcity on non-point source pollution prediction: Implications for physically based models[J]. Journal of Hydrology, 2018, 562: 1-16.

CHEN X, LI F, WANG Y, et al. Evolution properties between meteorological, agricultural and hydrological droughts and their related driving factors in the Luanhe River Basin, China[J]. Hydrology Research, 2019, 50(4): 1096-1119.

CHENG H, WANG W, van OEL P R, et al. Impacts of different human activities on hydrological drought in the Huaihe River Basin based on scenario comparison[J]. Journal of Hydrology: Regional Studies, 2021, 37: 100909.

CORREIA F N, SANTOS M A, RODRIGUES R R. Engineering risk in regional drought studies[J]. Springer Netherlands, 1987, 124: 61-86.

DAI A. Increasing drought under global warming in observations and models[J]. Nature Climate Change, 2013, 3(1): 52-58.

DEB P, KIEM A S, WILLGOOSE G. Mechanisms influencing non-stationarity in rainfall-runoff relationships in southeast Australia[J]. Journal of Hydrology, 2019, 571: 749-764.

DEGAETANO A T, BELCHER B N, NOON W. Temporal and spatial interpolation of the standardized precipitation index for computational efficiency in the dynamic drought index tool[J]. Journal of Applied Meteorology and Climatology, 2015, 54(4): 795-810.

DING Y, GONG X, XING Z, et al. Attribution of meteorological, hydrological and agricultural drought propagation in different climatic regions of China[J]. Agricultural Water Management, 2021, 255: 106996.

EFRON B. Computers and the theory of statistics: thinking the unthinkable[J]. SIAM Review, 1979, 21(4): 460-480.

ELTAHIIR E A B, YEH P J F. On the asymmetric response of aquifer water level to floods and droughts in Illinois [J]. Water Resources Research, 1999, 35(4): 1199-1217.

FLEIG A K, TALLAKSEN L M, HISDAL H, et al. A global evaluation of streamflow drought characteristics[J]. Hydrology and Earth System Sciences, 2006, 10(4): 535-552.

GARREAUD R D, BOISIER J P, RONDANELLI R, et al. The central chile mega drought (2010-2018): A climate dynamics perspective[J]. International Journal of Climatology, 2020, 40(1): 421-439.

GEVAERT A I, VELDKAMP T I E, WARD P J. The effect of climate type on timescales of drought propagation in an ensemble of global hydrological models[J]. Hydrology and Earth System Sciences, 2018, 22(9): 4649-4665.

GRIFFIN D, ANCHUKAITIS K J. How unusual is the 2012—2014 California drought? [J]. Geophysical Research Letters, 2014, 41(24): 9017-9023.

GUO Y, HUANG Q, HUANG S, et al. Elucidating the effects of mega reservoir on watershed drought tolerance based on a drought propagation analytical method[J]. Journal of Hydrology, 2021, 598: 125738.

GUO Y, HUANG S, HUANG Q, et al. Copulas-based bivariate socioeconomic drought dynamic risk assessment in a changing environment[J]. Journal of Hydrology. 2019, 575: 1052-1064.

GUO Y, HUANG S, HUANG Q, et al. Propagation thresholds of meteorological drought for triggering hydrological drought at various levels[J]. Science of The Total Environment, 2020, 712: 136502.

GUTTMAN N B. Accepting the standardized precipitation index: a calculation algorithm [J]. JAWRA Journal of the American Water Resources Association, 1999, 35(2): 311-322.

GUTTMAN N B. On the sensitivity of sample L moments to sample size[J]. Journal of Climate, 1994: 1026-1029.

HE X, WADA Y, WANDERS N, et al. Intensification of hydrological drought in California by human water management[J]. Geophysical Research Letters, 2017, 44(4): 1777-1785.

HUANG S, LI P, HUANG Q, et al. The propagation from meteorological to hydrological drought and its potential influence factors[J]. Journal of Hydrology, 2017, 547: 184-195.

IPCC. Climate Change 2007: Synthesis Report[R]. Geneva: IPCC, 2007.

IPCC. Climate Change 2014: Synthesis Report[R]. Geneva: IPCC, 2014.

JI L, DUAN K. What is the main driving force of hydrological cycle variations in the semiarid and semi-humid Weihe River Basin, China? [J]. Science of The Total Environment, 2019, 684 (SEP.20): 254-264.

JUNG I W, CHANG H. Climate change impacts on spatial patterns in drought risk in the

Willamette River Basin, Oregon, USA[J]. Theoretical and Applied Climatology, 2012, 108 (3-4): 355-371.

LEHNER B, LIERMANN C R, REVENGA C, et al. High-resolution mapping of the world's reservoirs and dams for sustainable river-flow management[J]. Frontiers in Ecology and the Environment, 2011, 9(9): 494-502.

LIU Y, ZHU Y, REN L, et al. Understanding the spatiotemporal links between meteorological and hydrological droughts from a three-dimensional perspective[J]. Journal of Geophysical Research: Atmospheres, 2019, 124(6): 3090-3109.

LYNE V, HOLLICK M. Stochastic timevariable rainfall-runoff modeling[C]. Hydrology and Water Resources Symposium. Institution of Engineeers, Australia, Perth, 1979: 89-93.

MA F, LUO L, YE A, et al. Drought characteristics and propagation in the semiarid Heihe River Basin in northwestern China[J]. Journal of Hydrometeorology, 2019, 20(1): 59-77.

MCKEE T B, NOLAN J, KLEIST J. The relationship of drought frequency and duration to time scales[C]//Proceedings of the 8th Conference on Applied Climatology, January 17-22, 1993, Anaheim, California, Boston: American Meteorological Society, 1993: 179-183.

MISHRA A K, SINGH V P. A review of drought concepts[J]. Journal of Hydrology, 2010, 391(1): 202-216.

MOORE G W, JONES J A, BOND B J. How soil moisture mediates the influence of transpiration on streamflow at hourly to interannual scales in a forested catchment[J]. Hydrological Processes, 2011, 25(24): 3701-3710.

MORIASI D N, ARNOLD J G, VAN LIEW M W, et al. Model evaluation guidelines for systematic quantification of accuracy in watershed simulations[J]. Transactions of the ASABE, 2007, 50(3): 885-900.

OKPARA J N, AFIESIMAMA E A, ANUFOROM A C, et al. The applicability of standardized precipitation index: drought characterization for early warning system and weather index insurance in West Africa[J]. Natural Hazards, 2017, 89: 555-583.

OMER A, ZHUGUO M, ZHENG Z, et al. Natural and anthropogenic influences on the recent droughts in Yellow River Basin, China[J]. Science of The Total Environment, 2020, 704: 135428.

PARK J, SUNG J H, LIM Y, et al. Introduction and application of non-stationary standardized precipitation index considering probability distribution function and return period [J]. Theoretical and Applied Climatology, 2018, 136(1-2): 1-14.

PARRY S, WILBY R L, PRUDHOMME C, et al. A systematic assessment of drought termination in the United Kingdom[J]. Hydrology and Earth System Sciences, 2016, 20(10): 4265-4281.

PETERS E, BIER G, VAN LANEN H A J, et al. Propagation and spatial distribution of drought in a groundwater catchment[J]. Journal of Hydrology, 2006, 321(1-4): 257-275.

PETERS E, TORFS P, VAN LANEN H A J, et al. Propagation of drought through groundwater — a new approach using linear reservoir theory[J]. Hydrological Processes, 2003, 17(15): 3023-3040.

PETERS E. Propagation of drought through groundwater systems: Illustrated in the Pang (UK) and Upper-Guadiana (ES) catchments[M]. Wageningen: Wageningen University, 2003.

RANGECROFT S, VAN LOON A F, MAUREIRA H, et al. Multi-method assessment of reservoir effects on hydrological droughts in an arid region[J]. Earth System Dynamics Discussions, 2016: 1-32.

SAFT M, WESTERN A W, ZHANG L, et al. The influence of multiyear drought on the annual rainfall-runoff relationship: An Australian perspective[J]. Water Resources Research, 2015, 51(4): 2444-2463.

SATTAR M N, LEE J Y, SHIN J Y, et al. Probabilistic characteristics of drought propagation from meteorological to hydrological drought in South Korea[J]. Water Resources Management, 2019, 33(7): 2439-2452.

SHEFFIELD J, WOOD E F, RODERICK M L. Little change in global drought over the past 60 years[J]. Nature, 2012, 491(7424): 435-438.

SHI H, CHEN J, WANG K, et al. A new method and a new index for identifying socioeconomic drought events under climate change: A case study of the East River Basin in China[J]. Science of The Total Environment, 2018, 616: 363-375.

SHIAU J. Effects of gamma-distribution variations on SPI-based stationary and nonstationary drought analyses[J]. Water Resources Management, 2020, 34: 2081-2095.

SHUKLA S, WOOD A W. Use of a standardized runoff index for characterizing hydrologic drought[J]. Geophysical Research Letters, 2008, 35(2): L02405.

SKLAR M. Fonctions de répartition à n dimensions et leurs marges[J]. Annales de l'ISUP, 1959, 8(3): 229-231.

STAGGE J H, TALLAKSEN L M, GUDMUNDSSON L, et al. Candidate distributions for climatological drought indices (SPI and SPEI)[J]. International Journal of Climatology,

2015, 35(13): 4027-4040.

SVENSSON C, HANNAFORD J, PROSDOCIMI I. Statistical distributions for monthly aggregations of precipitation and streamflow in drought indicator applications[J]. Water Resources Research, 2017, 53(2): 999-1018.

VAN LANEN H A J, FENDEKOVÁ M, KUPCZYK E, et al. Flow generating processes [M]//TALLAKSEN L M, VAN LANEN H A J. Hydrological drought: processes and estimation methods for streamflow and groundwater. Amsterdam: Elsevier, 2004: 53-96.

TANG C, PIECHOTA T C. Spatial and temporal soil moisture and drought variability in the Upper Colorado River Basin[J]. Journal of Hydrology, 2009, 379(1-2): 122-135.

THOMAS A C, REAGER J T, FAMIGLIETTI J S, et al. A GRACE-based water storage deficit approach for hydrological drought characterization[J]. Geophysical Research Letters, 2014, 41(5): 1537-1545.

TIAN W, BAI P, WANG K, et al. Simulating the change of precipitation-runoff relationship during drought years in the eastern monsoon region of China[J]. Science of The Total Environment, 2020, 723: 138172.

TÜRKE M, TATLI H. Use of the standardized precipitation index (SPI) and a modified SPI for shaping the drought probabilities over Turkey[J]. International Journal of Climatology, 2009, 29(15): 2270-2282.

VALIYA VEETTIL A V, MISHRA A K. Multiscale hydrological drought analysis: Role of climate, catchment and morphological variables and associated thresholds[J]. Journal of Hydrology, 2020, 582: 124533.

Van LOON A F, LAAHA G. Hydrological drought severity explained by climate and catchment characteristics[J]. Journal of Hydrology, 2015, 526: 3-14.

Van LOON A F, RANGECROFT S, COXON G, et al. Using paired catchments to quantify the human influence on hydrological droughts[J]. Hydrology and Earth System Sciences, 2019, 23(3): 1725-1739.

Van LOON A F, STAHL K, Di BALDASSARRE G, et al. Drought in a human-modified world: reframing drought definitions, understanding, and analysis approaches[J]. Hydrology and Earth System Sciences, 2016, 20(9): 3631-3650.

Van LOON A, Van LANEN H. Making the distinction between water scarcity and drought using an observation-modeling framework[J]. Water Resources Research, 2013, 49: 1483-1502.

WADA Y, Van BEEK L P H, WANDERS N, et al. Human water consumption intensifies hydrological drought worldwide[J]. Environmental Research Letters, 2013, 8(3): 34036.

WANG M, JIANG S, REN L, et al. Separating the effects of climate change and human activities on drought propagation via a natural and human-impacted catchment comparison method[J]. Journal of Hydrology, 2021, 603: 126913.

WANG W, ZHU Y, XU R, et al. Drought severity change in China during 1961—2012 indicated by SPI and SPEI[J]. Natural Hazards, 2015, 75(3): 2437-2451.

WANG Y, LI J, ZHANG T, et al. Changes in drought propagation under the regulation of reservoirs and water diversion[J]. Theoretical and Applied Climatology, 2019, 138: 701-711.

WILHITE D A, GLANTZ M H. Understanding: the drought phenomenon: the role of definitions[J]. Water International, 1985, 10(3): 111-120.

World Meteorological Organization. Standardized precipitation index user guide[R]. 2012.

WU H, HAYES M J, WILHITE D A, et al. The effect of the length of record on the standardized precipitation index calculation[J]. International Journal of Climatology, 2005, 25(4): 505-520.

WU J, CHEN X, YAO H, et al. Hydrological drought instantaneous propagation speed based on the variable motion relationship of speed-time process[J]. Water Resources Research. 2018, 54(11): 9549-9565.

WU J, CHEN X, YUAN X, et al. The interactions between hydrological drought evolution and precipitation-streamflow relationship[J]. Journal of Hydrology, 2021, 597(7566): 126210.

WU Z, MAO Y, LI X, et al. Exploring spatiotemporal relationships among meteorological, agricultural, and hydrological droughts in southwest China[J]. Stochastic Environmental Research and Risk Assessment, 2016, 30(3): 1033-1044.

YANG X, ZHANG M, HE X, et al. Contrasting influences of human activities on hydrological drought regimes over China based on high-resolution simulations[J]. Water Resources Research, 2020, 56(6): e2019WR025843.

YANG Y, MCVICAR T R, DONOHUE R J, et al. Lags in hydrologic recovery following an extreme drought: Assessing the roles of climate and catchment characteristics[J]. Water Resources Research, 2017, 53(6): 4821-4837.

YEVJEVICH V. An objective approach to definitions and investigations of continental hydrologic drought[J]. Fort Collins: Colorado State University, 1967: 23.

ZHANG D, ZHANG Q, QIU J, et al. Intensification of hydrological drought due to human activity in the middle reaches of the Yangtze River, China[J]. Science of the Total Environment, 2018, 637-638: 1432.

ZHANG R, CHEN X, ZHANG Z, et al. Evolution of hydrological drought under the regulation of two reservoirs in the headwater basin of the Huaihe River, China[J]. Stochastic Environmental Research and Risk Assessment, 2015, 29(2): 487-499.

ZHANG T, SU X, ZHANG G, et al. Evaluation of the impacts of human activities on propagation from meteorological drought to hydrological drought in the Weihe River Basin, China[J]. Science of The Total Environment, 2022, 819.

ZHANG Y, FENG X, WANG X, et al. Characterizing drought in terms of changes in the precipitation-runoff relationship: a case study of the Loess Plateau, China[J]. Hydrology and Earth System Sciences, 2018, 22(3): 1749-1766.

ZHAO A, ZHANG A, LU C, et al. Spatiotemporal variation of vegetation coverage before and after implementation of Grain for Green Program in Loess Plateau, China[J]. Ecological Engineering, 2017, 104: 13-22.

ZHAO R, WANG H, ZHAN C, et al. Comparative analysis of probability distributions for the Standardized Precipitation Index and drought evolution in China during 1961—2015[J]. Theoretical and Applied Climatology, 2020, 139(3): 1363-1377.

ZHOU J, LI Q, WANG L, et al. Impact of climate change and land-use on the propagation from meteorological drought to hydrological drought in the eastern Qilian Mountains[J]. Water, 2019, 11(8): 1602.

ZHU Y, LIU Y, WANG W, et al. Three dimensional characterization of meteorological and hydrological droughts and their probabilistic links[J]. Journal of Hydrology, 2019, 578.

ZHU Y, WANG W, LIU Y, et al. Runoff changes and their potential links with climate variability and anthropogenic activities: a case study in the upper Huaihe River Basin, China[J]. Hydrology Research, 2015, 46(6): 1019-1036.

冯平. 供水系统水文干旱的识别[J]. 水利学报, 1997(11): 6.

顾磊,陈杰,尹家波,等. 气候变化下中国主要流域气象水文干旱潜在风险传播[J]. 水科学进展, 2021.

全国气候与气候变化标准化技术委员会. 气象干旱等级: GB/T 20481—2017[S]. 北京: 中国标准出版社, 2017.

刘永强. 植被对干旱趋势的影响[J]. 大气科学, 2016, 40(1): 15.

涂新军,谢育廷,吴海鸥,等. 基于概率矩阵的干旱等级变化评估及应用[J]. 水科学进展,2021,32(4):14.

王文,黄瑾,崔巍.云贵高原区干旱遥感监测中各干旱指数的应用对比[J].农业工程学报,2018,34(19):131-139.

魏凤英,张婷.淮河流域夏季降水的振荡特征及其与气候背景的联系[J].中国科学:D辑,2009(10):15.

薛联青,白青月,刘远洪.人类活动影响下塔里木河流域气象干旱向水文干旱传播的规律[J].水资源保护,2023,39(1):57-62+72.

杨庆,李明星,郑子彦,等.7种气象干旱指数的中国区域适应性[J].中国科学:地球科学,2017,47(3):337-353.